今日　誰かに話したくなる野菜・果物学

著・農学博士　小林貞夫
植物画家　小林奈々

X-Know.

はじめに

野菜や果樹が芽を出して、どんどん大きくなっていくのを見るのは楽しいものです。家庭菜園をしている人は、自分で育てたものを収穫するのは大きな喜びで、たとえ不格好でもとても美味しいことをご存じでしょう。

私は、元気な野菜や果樹を育てるために、植物の病気（植物病理学）の研究を、日本とコロンビアで行ってきました。その時に知ったことや気づいたことに加え、植物全般にまつわる、あまり知られていない面白い知識も盛り込んで本書を執筆しました。この本は自分の子どものころの気持ち、「えっ！　どうして？」、「きれい！」、「面白いぞ！」の延長線上にあります。そして身近な野菜や果物と植物の魅力、不思議さに、さらにヒトとのかかわりを交えて、植物の秘密に少しでも迫ろうとしています。

子どものころから、大の花好きでした。植物図鑑をよく眺め、庭には近所の人から株分けしてもらったキクやイチゴ、山から取ってきたイロハモミジの実生などを育てていました。ある時、真っ赤な花をつけたツバキの木立を見つけました。とてもきれいだったので、そこから種を採ってまき、育てました。数年後に待望の開花を迎えると、なんと親の木立と異なる、白い花や白い斑入り（62ページ参照）までもが咲いたのです！　すぐに、自転車でツバキの木立とその周りを見て回りましたが、他に、どこにも白いツバキは見当たりませんでした。なにが起きたのかを考えてもわかりませんでした。今となっては、これは突然変異（105ページ参照）とわかりますが、そのころから、研究者になってこのような自然の不思議を調べたいと思うようになりました。

いつの間にか、私の植物図鑑は、ボロボロになっていました。

本書は5つの章に分かれ、それぞれ独立していますので、どこからでも読めるようになっています。まず、第1章「驚異の野菜と果物」では、進化の過程で大きかったり、長くなったりと特性を活かした野菜や果物などの秘密に迫ります。第2章「観察すれば、植物の本当の姿が見える」では観察を通じて、種子や発芽の様子、害虫からの防御対策まで、ふだん見過ごしている野菜や果物の見方を解説します。第3章「「科」を見分ければ植物がわかる」では、植物の科の特徴を知ることで、植物の世界を身近に感じられるように説明しています。次に、新品種がどうやってできたのかを、第4章「人とともに進化を続ける新品種」にまとめました。ぜひ、新品種づくりに挑戦して、あなたの名前を新品種に付けてください。　最後に、第5章「身近な毒草との付き合い方」を読むと、これも毒草だったのかと驚くことでしょう。自分やペットの事故を防ぐとともに、毒の意味も考えてみたいと思います。

本書を通じて、「食べる専門」の人はもちろん、野菜や果物を育てることが好きな人や、これまで植物についてあまり知らなかった方にも、広く植物の世界に興味をもってもらえたら、たいへん嬉しいです。

目次

ブックデザイン／野本奈保子（ノモグラム）
本文ＤＴＰ／平野智大（マイセンス）
印刷／シナノ書籍印刷

第1章
驚異の野菜と果物

世界には、思わず「えっ!」と驚いてしまうような大きさや外見をもつ野菜や果物があります。これらには、人の手で改良されてきた長い歴史があります。「美味しい作物を大きく育て、たくさん食べたい!」というのは、大昔から変わらない、人間の素朴な願いのひとつでしょう。また、変わった色や形をした、見た目がユニークな作物も、育てる人や食べる人たちの目を楽しませてきました。

では、どうしたらそのような作物を収穫できるのか、まずは大きな野菜や果物を例にとって考えてみましょう。

人が育み、野菜や果物、植物の能力を引き出す

作物を大きく育てるには、それぞれの植物に適した気象・土壌条件が必要ですが、もっとも大事な要素は、種または品種の持つ特性です。ある品種には「小さな実」しか生らない場合、最適な条件で栽培すれば多少大きくなるかもしれませんが、「大きな実」にはなりません。

さまざまな品種を育て、大きく育つ特性を持った個体を見つけ、さらに最適な栽培方法を調査し……と、農家や研究者たちは長い年月と情熱をかけて、より大きな作物を追い求めてきました。その結果、びっくりするような大きさの野菜や果物の品種がたくさん生み出され、私たちの食生活を彩っています。

大きい、長い野菜や果物を栽培するには、品種の持つ特性が重要です。例えば、本章で紹介していく桜島大根（12ページ）、札幌大球（14ページ）、愛宕梨（41ページ）のような晩生※1であれば、早生※2に比べて長い期間生育でき、大きく成長することができます。

※1　晩生とは、種まきから収穫までの期間が長い品種
※2　早生とは、種まきから収穫までの期間が短い品種

栽培環境も大切です。大塚人参（26ページ）、守口大根（31ページ）などは小石のない砂地や火山灰土でこそ、長く育てることができます。また、川の恵みを受けた螺湾蕗（30ページ）や洪水に適応した浮稲（32ページ）などは、それぞれ特異な環境に応じて栽培されています。

さらに、栽培技術を改良することで、別物のように大きく成長したエリンギ（24ページ）や、驚くほど多収で大木のような水耕トマト（36ページ）の栽培も可能になっています。

このように植物にはもともと優れた能力がありますが、長い時間をかけて、人間がさらにそれを引き出し、より優れた資質を持ったものに改良してきたのです。

ここでは大きさや重さ、長さが特徴的な作物だけでなく、ユニークで面白いと思われる作物の例も挙げました。では、どんな野菜や果物が作り出されてきたのか、見ていきましょう。

江戸時代から続く「おおきなかぶ」

【聖護院(しょうごいん)かぶ】

「おおきなかぶ」といえば、3人と3匹がかりで、やっとこさ巨大なカブを引き抜くというロシア民話を思い出します。さすがにそのカブには敵いませんが、日本にも大きなカブがあります。

直径13㎝以上、重さ1㎏以上のカブを大蕪(おおかぶ)と言い、その代表的な品種である聖護院かぶは、時に4～5㎏になり、初めて見るとその大きさに驚くでしょう。なんと成り立ちの由来が残っていて、江戸時代の享保年間（1716～1736年）に京都聖護院の農家、伊勢屋利八が近江カブを持ち帰り、それが改良されてできたとされています。今日(こんにち)では「京の伝統野菜」として、主に京都三大漬物のひとつである千枚漬けに使われています。また、煮崩れしにくく、繊維が少ないので、かぶら蒸しや煮物にもされます。

小蕪（150g位）は40～50日で収穫できるのに対し、聖護院かぶは70～80日と生育期間が長い晩生(おくて)です。そこで、千

枚漬けの製造をなるべく早く始められるように、少し早めに収穫できる品種が作られています。

また、カブには根こぶ病という糸状菌（カビ）による病害があります。この菌は土中で5～10年間も生きて、他のアブラナ科植物にも寄生する厄介な病害で、カブ栽培の大敵です。そこで、この病気に抵抗性のある品種も開発されています。

column

世界で一番重いカブは？

カナダの家具職人ダミエン・アラードが自宅で栽培したカブは、なんと29kgで、胴回りは138cm、高さは35cmでした（2020年）。このカブはごつごつした赤みがかった薄茶色で、聖護院かぶとはまったく別の品種です。西洋では主に冬の間に家畜に与える飼料用に育種したため、大きさに重点を置いてきました。

カブとダイコンはどこがちがう？

品種によってはかなり似ています。違いは次の通りです。

- ●ともにアブラナ科で、カブはアブラナ属、ダイコンはダイコン属です。カブは茎の下部の胚軸、ダイコンは根の部分を食べます。
- ●カブの花は黄色、ダイコンの花は薄紫色から白色です。
- ●カブは煮崩れしやすいが、ダイコンは煮崩れしにくく、辛みがあるものが多いです。
- ●カブの葉は大根の葉より柔らかく、苦みも少ないです（両方とも食べられます）。

9歳児と同じくらいの重さ！

【桜島大根(さくらじまだいこん)】

日本を代表する大きい、重い野菜と言えば鹿児島県の伝統野菜である桜島大根。海外で桜島大根の話をしても、からかっていると思われて、その大きさをなかなか信じてくれないほどです。

桜島大根は通常10～20kgですが、鹿児島市桜島の「世界一桜島大根コンテスト」で２００３年に優勝したものは、なんと31・１kg（９歳児の体重と同じくらい）、胴回り１１９cmもありました。

桜島大根は貝原益軒(かいばらえきけん)の『大和本草付録』（１７０９年）に「薩摩大根」としても記載があり、江戸時代から大きな大根として知られていたようです。また形状が異なるものの薩摩藩の『成形図説』（１８０４年）にも桜島大根という名前と図が記されており、歴史のある大根です。

辛味がないため、生のままサラダに、また煮崩れせず味がしみこみやすいので鍋や煮物にも適しています。

column

いろいろな大根の平均的な重さ

桜島大根	大根	二十日大根	守口大根
15kg（500倍）	1.5kg（50倍）	0.03kg（1倍）	0.5kg（17倍）

二十日大根の重さを30g、桜島大根を15kgと考えると、桜島大根は二十日大根の500倍の重さになります。守口大根（31ページ）などを含めたこれらの大根は、重さ、長さに大きな違いがありますが、すべて同じ種 *Raphanus sativus* です。変異の幅が実に大きいのには驚かされます。

桜島大根には、「トリゴネリン」という血管の病気に役立つ成分が青首大根の約60倍も入っています。

column

桜島大根の大きさの秘密

- 火山灰土壌で栽培：軽石が混ざって保水性と通気性がある土で育ちます。
- 晩生：収穫までの期間が長いので大きくなれます。
- 雑種強勢：雑種強勢とは雑種の子どもが両親よりも優れた形質をもつことを言います。桜島大根には雄大根（おでこん）と雌大根（めでこん）と呼ばれる形態の異なるタイプがあります。（両者の雌雄は名前だけで、生物学的な雌雄とは関係ありません）。この2つのタイプを交配し、あえて雑種を作り、その種子を使っています。

普通のキャベツのなんと20倍！

【札幌大球(さっぽろたいきゅう)】

札幌近郊で栽培されている特大のキャベツです。普通のキャベツの重さは約1kg、径はおよそ20cmですが、札幌大球は重さが6〜20kg、径は40〜50cmにもなります。北海道では冬になると、寒さで畑から野菜が姿を消します。それでも、大玉のキャベツなら外葉が凍結しても内部が食べられるため、大きいキャベツが育成されてきたと考えられています。

札幌大球は、明治4年（1871年）に開拓使がアメリカからキャベツの種子を導入し、札幌官園で試作をしたことから栽培が始まります。1918年に種苗商(しゅびょうしょう)が発行した『札幌農園報』にその名前があります。

札幌大球の栽培は農家への負担が大きくなります。春に種まきをしても収穫は10月下旬から11月中旬と生育期間が長いうえ、肥料が5割増しも必要で、株間は1mと広く（一般的な品種は35〜40cm）、しかも重いので収穫するのも一苦労です。

札幌大球は生食でも、調理してもおいしいのですが、主に漬物にされていました。しかし、家庭で漬物を作らなくなったことから生産量は徐々に減少しました。近年、札幌伝統野菜「札幌大球」応援隊などの団体が、札幌大球の復活を図っています。

普通のキャベツと並べてみると、札幌大球の巨大さが一目瞭然です。重いので葉が多いのかと思うでしょうが、普通のキャベツと同じく約70枚で、一枚の葉が大きく肉厚なのです。

column

世界で一番重いキャベツは？

2012年に米国パーマーで開催されたアラスカ・ステートフェアで記録されたキャベツは62.71kgでした。大きなキャベツの栽培は寒冷地が適しています。アラスカ大学のブラウン教授によるとアラスカは夏の日長が長く（夏至でおよそ19時間20分）、植物が長時間、生育できるのが理由だそうです。

いちご一粒でおなか一杯！

【あまおう】

人気のイチゴ、あまおうは「あかい・まるい・おおきい・うまい」の頭文字を取って名付けられました。それまでイチゴの最大規格であった3Lサイズ（28〜37g／粒）よりも大きくなることがあり、包装資材を作り直したほどです。赤く、大きい、美味しいイチゴを目指し交配して、福岡県農業総合試験場で育成され、2005年に品種が登録されました。

大きいイチゴの世界記録は福岡県福岡市の中尾浩二が2014年に収穫したあまおうです。一粒がなんと250gで、1パックと同じぐらいの重さになります。惜しくも、その後、この記録は破られ、2022年イスラエルのアリエル・チャヒが収穫した直径約18㎝、厚さ約4㎝のイチゴは289gで、世界一となりました。これはイスラエルの品種で、例年より寒く、熟成期間が長かったので大きくなったそうです。

じつは「世界一」ではないが…

【世界一(せかいいち)】

世界一は周囲30～46㎝、重さは時に1㎏を超える大きなリンゴで、ジューシーで美味しく、海外でも人気があります。両親は「デリシャス」と「ゴールデンデリシャス」で、1974年に青森県りんご試験場で作られました。試作をした農家が、「世界一大きいりんごだ」と言ったため、そのまま「世界一」と名付けられた、世界に誇れる成果です。

来日した人に見せると、「大きすぎて食べきれない！」と驚きます。多くの国では小さなリンゴを皮ごと丸かじりするのです。大きなリンゴの皮を剥き、切り分けて芯を取り、皿に盛るのは日本だけかもしれません。

残念ながら重さは世界一ではありません。もっとも重いリンゴは、2005年に青森県弘前市の岩崎智里が収穫した1,849gで、「スタークジャンボ」というアメリカの品種でした。

ギネス記録を持つ柑橘類の王様

【晩白柚（ばんぺいゆ）】

晩白柚は世界最大の柑橘と言われています。フットサルのボールほどの大きさがあり、これも柑橘なのかと驚かされる巨大さです。皮は厚く、直径約20cm、重さは約1.8kgになります。このように果実があまりにも重いので、栽培時は支柱を立てないと枝が折れてしまいます。また、病害から守り、きれいな果実を得るために袋掛けをします。

熊本県八代農業高校の生徒が2014年に収穫した晩白柚は直径29cm、重さ4859.7gで、世界最大の柑橘としてギネスに認定されました。しかし、2021年に同市の前田一喜が5386gと記録を更新しました。平均的な中玉のミカンは1個あたり100g前後ですので、なんと重さは約54個分に相当します。両者とも天候の関係で果実の数が少なく、養分が十分に行き渡り、通常よりさらに大きく育ったと考えられています。

晩白柚は香りがよく、白い果肉はさわやかな甘酸っぱさと

晩白柚

中玉のみかん

ほのかな苦みがあり、サクサクとした硬めの食感が特徴です。分厚い皮は厚さ数cmもあり、白い綿状の部分ごとマーマレードや砂糖漬けなどにするとおいしいです。保存期間は約1か月と長く、追熟を待つ間、部屋に置いておくと、あたりに漂う香りも楽しめます。贈答用にされる高級果物です。

column

晩白柚の歴史

実は晩白柚は、ザボン（ブンタン）の一品種です。1919年、台湾総督府の農業技師だった島田弥市（しまだやいち）は農事視察のために東南アジアを訪問し、船内の食事に出たザボンを気に入りました。すぐにベトナムのサイゴン植物園から苗木を5本分けてもらい、台湾に持ち帰りました。

それは通常のザボン、白柚（ぺいゆ）の収穫後の12月頃から4月頃に収穫できる晩生だったので、晩白柚と呼ばれ、はじめは台湾で普及しました。1930年に台湾から鹿児島県果樹試験場に導入され、現在は栽培に適した熊本県八代市の特産品となっています。

人の背丈ほどもあるバナナの房

【カナリア諸島のバナナ】

バナナは世界で一番収穫量の多い果物です。お店ではバナナが4、5本の房で売られていることが多いと思います。しかし、畑では一房に10〜15本、それが10数段付いていて、収穫時の全房は20〜30kgになります。栽培時は重さに耐えられるように、茎を竹で支えているのをよく見ます。収穫は2人で行い、1人が全房を切り落とし、もう1人が肩で受け取って運びます。

世界で一番重いバナナの全房は、スペインのカナリア諸島のエル イエロ島でカバナとテコロネによって収穫されました(2001年)。房が15段、合計473本のバナナで130kg、房の長さはなんと大人の背丈ほどだったと言います。いったいどうやって収穫したのか、気になるところです。

果物としてのバナナの他に、世界では調理用バナナも広く流通しています。長さは15cmほどから30cmを超すものまであり、最近は日本でもたまに見かけるようになってきました。

column

バナナは木ではない！？

バナナは木に実ると思っている人が多いですが、実はバナナは木（木本）ではなく、草（草本）です。「幹」に見えるところはちょうどイネの茎のように葉鞘が何重にも巻いているだけなのです。そのため、栽培時はバナナの重さに耐えられるように支柱が必要で、茎は太くても草刈り鎌でバッサリと倒せてしまいます。

調理用バナナは皮が剥きにくい品種が多いのですが、つぶして揚げるとポテトチップスのようになり、炒めると中がとろりと甘いデザートになります。完熟すれば調理しなくても、酸味があり甘さは少ないものの、濃厚な味が楽しめます。

世界最大！
50kgにも及ぶ果物

【ジャックフルーツ（パラミツ）】

世界一大きな果物と言われているジャックフルーツ。沖縄にわずかに生産されているだけで、日本ではまだなじみのないトロピカルフルーツですが、原産地の南アジアをはじめ、東南アジア、アフリカ、南米などで広く栽培されています。

幹や太い枝から巨大な実が直接生えるようにしてぶら下がっている様子はインパクトがあり、ひと目見ただけで、それとわかるぐらいです。世界最大の果物、ジャックフルーツの中でも、フィリピンでランディ・マラナンが収穫したものは重さが49.7kg、長さ61cmと巨大なものでした（2021年）。たぶん、ジャックフルーツを中心にして、家族、近所の人が集まり、おしゃべりしながら食べたことでしょう。

ジャックフルーツは食べるとパイナップルとマンゴーを合わせたような味がします。種子は茹でると栗のようで、果実の皮は表面を削って塩漬けにして揚げると、スナックになります。また、未成熟の実は黄みがかった緑色で野菜として調理され、スリランカやインドではカレーなどに入れます。肉のような食感があり、オルタナティブミート（代替肉）としてベジタリアンにも人気です。
ドリアンと間違える人がいますが、ドリアンはもっと小さく、とげで覆われ、しかも独特なにおいがするので区別できます。

通常10〜20kgで、俵形をしていて、イボ状の突起で覆われている。成熟すると黄色になり、トロピカルフルーツの香りがする。オレンジ色の弾力のある甘い果肉をもつ。

column

約20kgの果実が年間300個も実る

約20kgもの大きな果実が、なんと1本の木に年間200〜300個も実ります。この重さに耐えられる果樹の頑丈さと、収量の高さには目を見張るものがあります。そして、炒れば食べられる種子も、ひとつの果実に100〜500個もできます。気候さえ合えば育てやすく、生育も早く、種をまいて3年で収穫が始まるため、熱帯では重要な果樹です。

身近なあのキノコが超巨大になる

【エリンギ】

1990年代後半から市場に出回り、今では一般的になったエリンギですが、ホクト株式会社が市販品と同じ菌種を使い栽培方法を工夫することで、世界一巨大なエリンギを収穫しました（2014年、イラスト右側）。可食部の長さ59cm、重さ3580gで、通常売られているもの（イラスト左側）に比べて、長さは約10倍、重さも約70倍となり、ギネス世界記録の世界一長いキノコに認定されています。

成功の一番のポイントは、なんと間違えて栽培時の光の量を多くしてしまったことだったそうで、まさに「失敗は成功のもと」と言えましょう。なお、巨大エリンギの味は、市販品と変わらなかったそうです。また、ホクト株式会社ではブナシメジで世界最長記録を目指す社内チームもあったようですが、長さ52cmで惜しくも負けてしまったそうです。両者とも栽培技術の研究成果で、ここまで巨大化させることができたのです。

column

エリンギが植物に病気を起こす？

野生のエリンギはセリ科植物の枯れた根に生育します。そのエリンギの菌糸がセリ科のニンジンなどに感染すると報告されました(Hilber 1983年)。エリンギはふすま(小麦を製粉する際に取り除かれる皮)、おからなどを栄養源として培養されますが、収穫後の廃培地を畑に漉(す)き込んでも幸いその病原性は弱いようで、実用上、問題はなさそうです。

子どもの背丈ほど長いニンジン

【大塚人参（おおつかにんじん）】

家庭菜園でニンジンを作ったことがある人なら、すらりと長く形の良いニンジンを作る難しさをご存じでしょう。ニンジンの根は、土中の小石にちょっとぶつかるだけで、二股や三股になってしまうものです。

そんな中、肥沃（ひよく）でサラサラとした火山灰土壌を生かして栽培された、幼児の背丈ほどの長さのニンジンがあります。山梨県市川三郷町の大塚地区は、長さ80～120cmにもなる大塚人参の産地です。

大塚人参は国分鮮紅大長（こくぶせんこうおおなが）という品種で、もともと長いニンジンですが、大塚地区は土壌が肥沃できめ細かく、石がほとんどない火山灰土壌ですので、さらに長く成長できます。

香りと風味が強く、甘みもあって煮崩れしにくく、さらに通常のニンジンと比較してカリウムは約1.4倍、ビタミンB2は約3倍、ビタミンCは約2.3倍、β—カロチンは約1.5倍、食物繊維は約3.4倍と栄養価も高いです。

残念なことに長すぎて冷蔵庫に入らず、しかも栽培に適した土壌が限られ、収穫が大変などの理由で、栽培は減少しました。しかし、近年は伝統野菜として見直されて、復活しつつあります。大塚人参と同様に、栽培地にちなんで群馬県高崎市国分地区では、国分人参、静岡県富士宮市村山地区では村山人参、新潟県田上町曽根地区では曽根人参と呼ばれています。

column

長人参の由来は？

ニンジンの原産地はアフガニスタンの周辺で、そこから西に伝わったのが西洋系です。その中から仏国大長人参が群馬県の国分地区に伝わり、国分鮮紅大長が育成されました。一方、東に伝わった東洋系からは滝野川大長人参が生まれています。昭和30年頃までは、これらの長人参が主に栽培されていました。

世界で一番長いニンジンは？

2007年イギリスでジョー・アサートンが育てたニンジンがなんと5.841 mであるとギネスブックに記されています。信じられない長さなので、通常の栽培方法でないと思い調べてみると、斜めにしたプラスチックのチューブで育てていたのでした。しかも可食部ではなく根の先端までの長さでした。

ヘビと見まがう長〜い野菜

【蛇瓜(へびうり)】

台湾で仕事が終わり、夕方に畑の横を歩いた時のことです。すぐ近くにヘビがぶら下がっているのが見え、ハッと立ち止まると、足元にもとぐろを巻いたヘビが……！　思わず、後ずさりしました。しかし、それはヘビのように見える野菜だったのです。

その形からヘビウリと呼ばれる果実は、太さ3〜4㎝の円筒形で、長さは約2ｍになります。熟すと白緑色からオレンジ色に変化します。風に揺られている果実は、太さも均一ではなく、くねくねと曲がっていて、本当にヘビがぶら下がっているようです。まして地面に着くと、とぐろを巻くように見えるので見間違えるわけです。

ヘビウリは熱帯アジア・インド原産のウリ科のつる性一年草で、若い果実のサラダや炒め物はシャキシャキしていて美味しく、熱帯地域で広く栽培されています。日本でも、夏に気温の高いところなら、4月下旬から5月初めに種まきをして育てることができます。

葉はカボチャに、白いレースを思わせる花はカラスウリにとてもよく似ていて、近縁だとわかります。この可憐な花と、ヘビのような果実にはなんだかギャップがあります。

まるで コロポックルの傘

【螺湾蕗(らわんぶき)】

アイヌの伝承にはコロポックルという小人がいます。これは「フキの下の人」という意味で、傘を差すようにフキの葉を手にした小人の姿で描かれます。この螺湾蕗の下に立てば、誰でもコロポックルのように見えるかもしれません。

螺湾蕗は、北海道足寄町を流れる螺湾川の川岸に生息している大きなフキです。高さは2～3mで、一般的なフキの約5倍の高さになります。長さ2m前後、直径10cmの葉柄が可食部なので、世界で一番長い野菜でしょう。茎は通常のフキと同じように食べられます。

「秋田ふき」と同じ種ですが、螺湾蕗のほうが大きく、その理由は螺湾川の水が栄養分豊富だからだと九州大学が報告しています。

190cm もの
世界で一番長い大根

【守口大根（もりぐちだいこん）】

守口大根は大阪府守口市が起源とされる、長さ75cm以上、太さ3～4cmの非常に細長い大根で、主に漬物にします。愛知県扶桑町で後藤夫妻が育てた守口大根は191.7cmというギネスの記録があります（2013年）。

根が長いのでどんな土壌でも栽培できるわけではありません。土の粒が均一で小石がなく、軟らかく肥沃な砂質土壌を2m以上深く耕して育てます。また、地下水位が低いことも大事な条件です。少なくとも室町時代には栽培されていたと考えられ、豊臣秀吉が現在の守口市で香の物を食べて気に入り、「守口漬」と命名した（1585年）と伝えられています。現在では、愛知県扶桑町で守口大根の約70%が栽培されています。

洪水の時にぐんぐん伸びる

【浮稲(うきいね)】

イネというと水田に整然と植えられているイメージがありますが、洪水にもめげずに穂をつけるイネもあります。洪水時に草丈が長くなる浮稲です。世界には毎年、雨季に河川が氾濫し、大規模な洪水が発生する地域がいくつかあります。たとえば、バングラデシュ、インドなどの大河の河口付近では、深さ数メートルの洪水が4～5ヵ月続くことがあります。このような地域では、昔から洪水時に草丈が長くなる浮稲が栽培されていました。

浮稲は、水が浅いとき、通常のイネと同じく1mくらいの高さです。しかし、洪水でイネが水没すると葉が水面に漂うように、水深とともに急激に伸長します。水深が5mでも水の流れでイネがなびくので、草丈は伸び続け、最大10mくらいになります。このイネの伸長は植物ホルモンによるものですが、その複雑なメカニズムは日本の研究グループにより解明されました（左ページのコラム参照）。なお、通常栽培されているイネは長時間水をかぶると、呼吸ができず枯れてしまいます。

農民は乾季の終わりに種をまき、洪水を待ちます。これらの地域は河川が運んでくる栄養分が豊富なため、肥料は不要です。また、ほとんどの雑草は水中では生きられないので、草取りも不要です。

収穫にはボートを使うか、水の中を歩いて、穂だけを刈り取ります。

残念ながら、浮稲の収量は籾で1～2t/haと通常のイネの3割程度です。しかし、他に何も育たない洪水地帯で栽培できることは大きな利点です。

column

浮稲はどうして水没したときだけ伸びるの？

1 浮稲が水没すると、体内にエチレン（ガス状の植物ホルモン）が合成され、蓄積します。

2 エチレンによりOsEIL1aというタンパク質が増えます。

3 これがSD1遺伝子に働きかけ、SD1タンパク質が多量に合成されます。SD1タンパク質は植物の植物ホルモンであるジベレリンを合成します。

4 ジベレリンは浮稲の草丈を伸ばします。

（T.Kuroha ほか　2018年）

通常の稲

浮稲

地方秘伝の奥義を伝えるもやし

【大鰐温泉(おおわにおんせん)もやし】

地方にはそこでしか作られていない野菜が伝わっていることがあります。「かつては自分の子ひとりだけに奥義を伝える、一子相伝(いっしそうでん)として、ひっそりと守り継がれてきたもやしがある」などと聞くと、興味をそそられませんか。

青森県大鰐町では、長さが約30㎝以上にもなる大鰐温泉もやしという特産品が栽培されています。通常の大豆もやしの長さは4～5㎝ですので、長さは約6倍になります。このもやしに使われる大豆は小八豆(こはつまめ)という小粒種で、もやし専用の町在来種です。他のもやしとは異なり土中に種まきし、栽培には温泉水を使い、地中にパイプを敷いて温泉熱を利用して栽培します。

通常の豆もやしと同様、種まきから1週間程度で収穫し、藁(わら)で束ねて販売されます。シャキシャキとした食感があり、また旨味の元となるアミノ酸、アラニンが一般的な大豆もやしの3.7倍含まれており、独特の芳香で、美味です。もともと

は野菜の少ない冬の栄養源確保のための食べ物で、現在でも11月下旬～4月下旬ごろまで収穫されます。
約400年、受け継がれてきた秘伝の栽培方法は一子相伝のため、農家の直系にしか伝授されませんでした。したがって後継者のいない農家は廃業せざるをえず、かつては約30軒あった生産者は減り、消滅の危機にありました。しかし、今では伝統を絶やさないために、直系以外の新規就農者にも栽培方法が伝授されるようになりました。なお、もやしに使う小八豆は伝統を守るために門外不出となっています。

1本のトマトから 2万6,000個も採れた！

【 水耕（すいこう）トマト 】

一般的なトマト（大玉トマト）は、苗を土に植えると、一株に約20〜30個の実が生（な）ります。しかし、同じ品種でも水耕栽培（土を使わず、水に液体肥料を加えた溶液で栽培する方法）すると、もっと多く収穫できます。

北海道の観光施設「えこりん村」では毎年、トマトを水耕栽培していて、一粒の種子から育てた一本のトマトから一年間になんと最高2万6,762個収穫し、その重量は1837.78kgになりました（2024年）。これは畑のトマトの892本分以上に相当します。

枝葉は約9m四方に広がり、まるでブドウ棚にブドウが実るかのように、トマトがたわわに実っています。これは環境が整えられた温室での記録で、トマトの秘められた可能性を知る上では大変興味深い情報です。

column

水耕栽培のメリットは？

世界中の水耕と土での栽培の収量を比較した研究を調べたところ、ホウレンソウを除く、多くの植物が水耕で増収することが確認されました（Goh　2023 年）。さらに、水耕栽培は土づくりが不要で、塩分濃度が高い土地でも栽培が可能です。また、土の中の病原菌や害虫の心配もなく、草取りも必要ありません。しかも根の伸長が土によって邪魔されず効率よく養分を吸収できるので、生育も早まります。デメリットは設備が必要で、溶液の肥料濃度、ｐＨの管理などのランニングコストがかかることです。

2000年も眠っていた種子の不思議

【 大賀(おおが)ハス 】

植物の種子には寿命があります(50ページ参照)。寿命が短いものも、何年か経ってからまいても発芽する長寿のものもあり、植物によってそれぞれです。なかには、なんと紀元前の地層に眠っていた古代の種子が発芽した例もあります。

大賀ハスは植物学者の大賀一郎らが千葉市花見川区の落合遺跡(現在の東京大学検見川総合運動場)で発掘した、2000年以上前の種子から発芽・開花したハスです。

この遺跡から丸木舟とハスの果托(かたく)※などが発掘され、「縄文時代の船だまり」であったと推測されました。ハスの果托が出るなら種子もあるはずだと、1951年に地元の小・中学生や市民のボランティアの協力を得て、種子を探すことになりました。調査終了予定日の前日の夕刻、中学生が地下約6mの泥炭層からハスの実1粒を見つけたため、探索期間を延長し、その後に2粒、計3粒が発掘されました。3粒とも発

※ 果托とは、種子が入っているハチの巣状の部分のこと。

芽したものの、１粒は発芽後まもなく枯死。残った2粒からの実生苗（みしょうなえ）※は千葉県農林総合研究センター（現在名）へ預けられました。１株は数日後に枯れてしまいましたが、最初に見つけた種子は順調に生育、開花して、２０００年前の古代蓮として大きな話題となりました。

現在では地下茎（レンコン）で株分けされ、日本や世界各地の公園や植物園、寺院の池で栽培されています。種子では他品種と交雑している可能性があるので、純系を保つため地下茎で増やしています。

※　実生苗とは、種子から育てた苗のこと

column ／ 大賀ハス（38ページ参照）にまつわる話

土の中では発芽しなかったのに、どうして発芽したの？

深い土の中では発芽に必要な酸素がありませんが、掘り出された後は酸素があったためです。ハスの種子は水の中で耐えられるように果皮がとても厚いので、腐らずに生き残り、さらに掘り出した種子は発芽しやすいように刃物で果皮の一部が切り取られていました。

どうしてこんな古い種子が発芽すると思ったの？

種子を発掘した大賀一郎は1931年に中国北東部の古い湖床から発掘したハスの種子を発芽させました。おそらく、その経験から発芽を予測したのでしょう。種子は当初、約400年代のものとされましたが、その後の年代測定で1,040±210年と報告されました。

どうやって2000年前のものだとわかったの？

ハスの種子が出土した上の地層から発掘された丸木舟のカヤの木の破片を放射性炭素年代測定したところ、2895～3255年前のものとの結果がでました。現存するカヤの古木の樹齢は900年と推定されるので、この種子は今から2000年前の弥生時代以前のものであると考えられました。

赤ちゃんの頭とほぼ同じ大きさ

【愛宕梨(あたごなし)】

最大の特徴は、なんと言ってもその大きさ。愛宕梨の平均重量は1kgで、これは赤ちゃんの頭とほぼ同じ重さです。

2011年、愛知県豊田市で梅村和也が3405gの愛宕梨を収穫しました。これが世界一重いナシとしてギネスに認定されました。一般的なナシ、「幸水」1個あたりの平均重量を300gとすると、11個分ほどです。

愛宕梨は1915年に研究者の菊池秋雄によって育成されました。元々は東京都愛宕山で生まれた偶発実生(ぐうはつみしょう)(116ページ参照)だったため、愛宕梨と名付けられたとされます。最近の遺伝子解析から、「天の川」と「長十郎」をかけ合わせた品種だということがわかりました。現在は岡山県が主な生産地で、11月下旬から収穫される晩生(おくて)です。

第2章

観察すれば、植物の本当の姿が見える

私たちは普段、何気なく野菜や果物を目にしていますが、身近な野菜や果物でも、注意深く観察するとさまざまな発見があります。ここでは野菜や果物を栽培したときや、庭や散歩道で発見できることをまとめました。いつも前だけ見て早足で行く道を、ときにはゆっくり歩いて、あたりの植物を眺めてみませんか。見慣れた植物でもちょっと見方を変えることで、なにか面白いことがわかるかもしれません。ぜひ、気軽にできる小さな観察を楽しんでください。

では、種子から見てみましょう。

column

種子（しゅし）と種（たね）は同じですか？

種子と種は同じです。しかし、生物をいろいろな特徴で分類したときの基本単位の種（しゅ）とは漢字で書くと同じになりますので、この本では混乱を防ぐため「たね」を種子（しゅし）とします。

まずは「種子」の多様性を知る

種子とは、有性生殖によって作られる生殖器官で、繁殖の源です。野菜や果物は、ほぼすべてが種子を作る種子植物です。種子には発芽し、根や葉を形成して、自立するまで必要なエネルギーを供給する、潤沢な栄養があります。種子のエネルギー源は植物の種類により異なり、人が主食にするイネ、コムギなどはデンプン、油を採るアブラナ、ゴマなどは脂肪が豊富です。他に大量のタンパク質、成長に必要なビタミン、ミネラルも含みます。これが私たちが毎日、栄養豊富な種子を食べる理由です。

種子は植物によって大きさ、形、色が異なり、慣れると種子で科を推定できるほど、科ごとに特徴があります。マメ科の種子は光沢のある大きなものが多く、ベニバナインゲンは長さ3cm前後です（写真1）。ナス科の種子は小さく、トマトは扁平で2mmぐらいです（写真2）。アブラナ科の種子の多くは直径数mmの球形です（写真3）。日本で購入できる野菜、果物で一番小さい種子はポピーシードで0.5mm以下、一番大きいのはマンゴーの種子で（写真8、9）、ときに10cmを超します。

発芽には適切な温度、水、酸素が必要です。観察すると、種子が水分を吸収して膨張し、覆われた種皮が破れ、幼根が出て、芽が伸び、子葉が出るのがわかります。根は必ず重力の方向に伸びます。

1. ベニバナインゲン（花豆）の種子
2. トマトの種子
3. キャベツの種子
4. インゲンの種子の発芽。半分に割ると、これから植物体になる胚（はい）がすでに大きくなっています（写真 4a）。写真 4b は胚に栄養を供給する子葉（しよう）
5. ダイコンの種子の発芽 （囲みは折り重なっている双葉）
6. 種子の先端から発芽するカボチャ
7. 下に向かって伸びるカボチャの幼根。どの植物も根は下に向かう。もし上に伸びたら水分や養分を吸収できず、枯れます。ひっくり返して根を上に向けても、U ターンしてまた下に向かいます
8. 硬い殻で覆われたマンゴーの種子
9. 殻の中のマンゴーの胚、まるでさなぎ？

種子のない果物たちの不思議

種子の無い果物は口当たりがよく、手軽に食べられるので人気があります。では、種子ができない仕組みについて紹介しましょう。なお、種子が無いので挿し木、接ぎ木、株分けなどで殖やします。

【温州ミカン】

花粉ができにくく、しかも受粉しても受精しにくいため、種子はほとんどできません。

【パイナップル】

自分の花粉では受精しないという性質（自家不和合性）があります。栽培地では同一の品種を大規模に作っていることが多いので種子ができないのです。

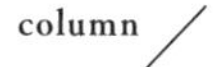

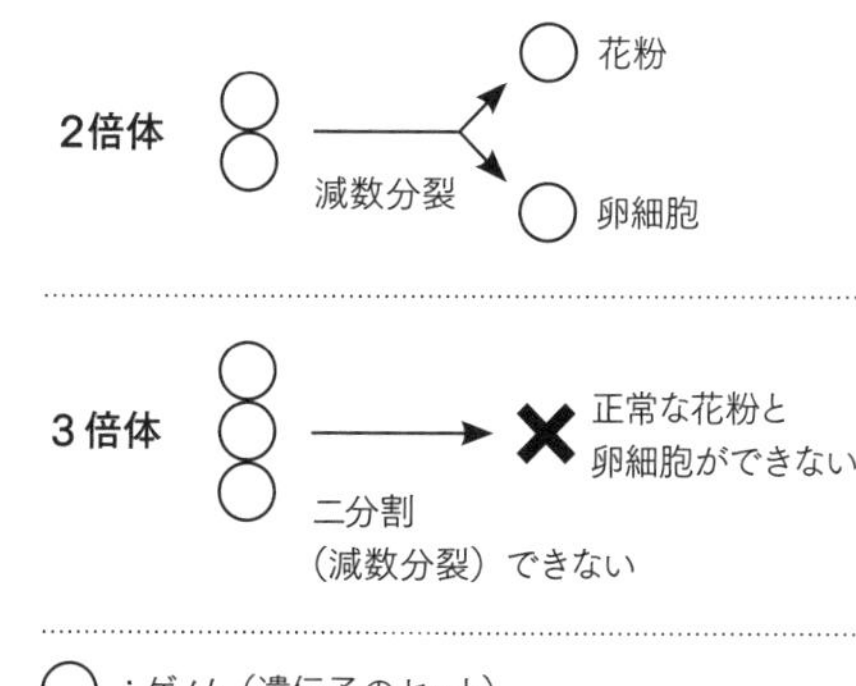

【バナナ】

通常、植物の細胞はゲノムという染色体のセットを2セットもっています(2倍体という)。花粉や卵細胞ができるときに、それぞれ1セットずつに分かれ(減数分裂という)、受精してまた元の2セットになります。しかし、バナナはもともと3セットもっている3倍体で、3セットを2つに分ける減数分裂がうまくできません。そのため種子ができないのです。種なしカキも同様の理由です。

【ブドウ】

花が咲いたら、植物ホルモンの一種であるジベレリンの溶液を入れたコップに、一房ずつ浸して、種子をできなくします。ところで、ジベレリンはイネの病気の研究から、ブドウへの応用ができることも日本で発見されました。

いろいろな野菜や果物の「芽生え」の観察

次に、ちょっとユニークな芽生えや種子の発芽後の様子を紹介しましょう。

ネギの仲間は光沢のある、黒い、扁平な、小さな種子です。タマネギの芽生えは、棒状の葉が一枚で単子葉植物とわかりますが、なんとL字型に折れ曲がっています（写真1）。初めて見ると驚くと思います。よく聞かれるのですが、病気ではなく、すぐに真っすぐになります。ホウレンソウの種子(写真2、殺菌剤のため赤茶色）をまくと、双子葉植物なので双葉が出てきます。時々、双葉が種子の殻に引っ掛かり、ハート形になります（写真2右）。翌日には双葉が広がってしまうので、お見逃しなく。食用ホオズキの種子は他のナス科植物と同様に小さく、薄いです。発芽直後の葉、葉柄、茎には、もうすでに細かな毛（繊毛）があり（写真3）、虫から身を守ります。アブラムシが茎を登ろうと、もがくのを見たことがあります。マカダミアナッツの種子（写真4）は、コンクリートに投げつけても割れないほど厚くて硬く、割るには専用の道具が必要です。なんと驚くことにその硬い種子からちゃんと発芽します。

さて、種子と芽生えについて少し学んだところで、50ページをご覧ください。

1. タマネギの種と芽生え

2. ホウレンソウの種と芽生え

3. 食用ホオズキの種と苗

4 マカダミアナッツの種と苗

野菜、穀物の種子の性質と発芽

研究のために、多くの種子をまきましたが、急に発芽しなくなった経験や、実験からわかったことなどをもとに、種子の性質を次のページの表にまとめました。

種子にも寿命があります。例えば、ネギ類は寿命が短く、来年の発芽は期待できないかもしれません。一方、ウリ科の種子は寿命が長く、数年間は発芽します。種子の寿命を延ばすには低温、低湿度で保存すること。一部の種子は発芽の条件が揃っても発芽しないことがあり、それを休眠（きゅうみん）と言います。例えば、寒さに弱い植物は、秋に種子ができてもすぐに発芽すると枯れてしまうので、休眠して冬を過ごし、春に発芽します。つまり、休眠は生育に適した季節を選んで発芽するための手段なのです。

パセリの種袋には、「種子に薄く土をかぶせる」と記してあります。これはパセリの発芽には光が必要で、もし種子を土の中に埋めたら発芽しないからです。このような種子を光発芽種子（ひかりはつがしゅし）と言い、土の中の暗い所で発芽するものを暗発芽種子（あんはつがしゅし）と言います。

表を見ると、種子の休眠性や、発芽時の光の必要性は植物により多様であることが見て取れます。このように、種子や発芽を観察すると、科によって性質がまとまっていることが理解できます。

種子の特徴と芽生え

科	種	種子		発芽時の光の必要性 ※3		
		寿命（年）※1	休眠（月）※2	暗発芽種子	光発芽種子	光と関係ない
アブラナ科	カリフラワー	4	1-3			○
	キャベツ	4	2-3		○	
	ダイコン	4	1-3	○		
	ハクサイ	5	1			○
	ハツカダイコン	4	1-3	○		
	ブロッコリー	5	3		○	
	メキャベツ	4	1-3		○	
イネ科	イネ	3	0			○
	トウモロコシ	2-10	0			○
ウリ科	カボチャ	3-10	0	○		
	キュウリ	4-10	0	○		
	スイカ	5	0	○		
	メロン	5	0	○		
ヒガンバナ科	タマネギ	2	0	○		
	ネギ	2	0	○		
キク科	レタス	5	3		○	
ゴマ科	ゴマ	1	-	○		
セリ科	セロリ	5	-		○	
	ニンジン	3	2		○	
	パクチー	3	-		○	
	パセリ	3	3		○	
ナス科	トマト	4	1-2	○		
	ナス	5	0-6	○		
	ピーマン	5	0	○		
ヒユ科	スイスチャード	10	-			○
	ホウレンソウ	5	1-3			○
マメ科	インゲン	3	0			○
	エンドウ	3	0			○
	ダイズ	3	0			○
	ラッカセイ	1	1-3			○

※1　寿命（年）：種子を採った後、発芽できる期間
※2　休眠（月）：種子を採った後、発芽できるようになるまでの期間、0は採種後すぐに種まきできる
※3　発芽時の光の必要性：暗い所で発芽（暗発芽種子）、光が当たる所で発芽（光発芽種子）
この表は一般的な品種のもので、品種によっては当てはまらない場合があります
また、種子は適切に保存しないと寿命が短くなります

重要な役割を果たす「根」を観察する

根を丁寧に掘り起こし、切れないよう慎重に洗うと、意外に根は長く、広がっているのがわかります。根の広がり方には大きく分けて2種類あります。双子葉植物は種子から出た根が太くなり（主根という）、さらに側根と呼ばれる根が出てきます（写真1）。イネ科やネギなどの単子葉植物では主根の成長はすぐに止まり、茎の基部からひげ状の根（ひげ根）が出てきます（写真2）。その根は細く、地表付近に浅く横に拡がります。一方、双子葉植物は太い主根を伸ばして、地中深く潜り込みます。

根拠がないことを「根も葉もない」と言いますが、実は根をもたない植物も存在します（57ページ参照）。どうやって生きているか、不思議に思いませんか？　この多様性が植物の面白さのひとつです。56ページでは、さまざまな野菜や植物の根などを紹介しています。ぜひご覧ください。

根の主な役割はふたつ。ひとつ目は、植物が成長するために、土壌から水と栄養分を吸収すること。ふたつ目は、植物を固定し支えることです。左のページでは、実際に根を観察し、54ページからは根の役割を詳しくご紹介します。

1：インゲン（双子葉植物）の根、中央の長く伸びた白い根が主根

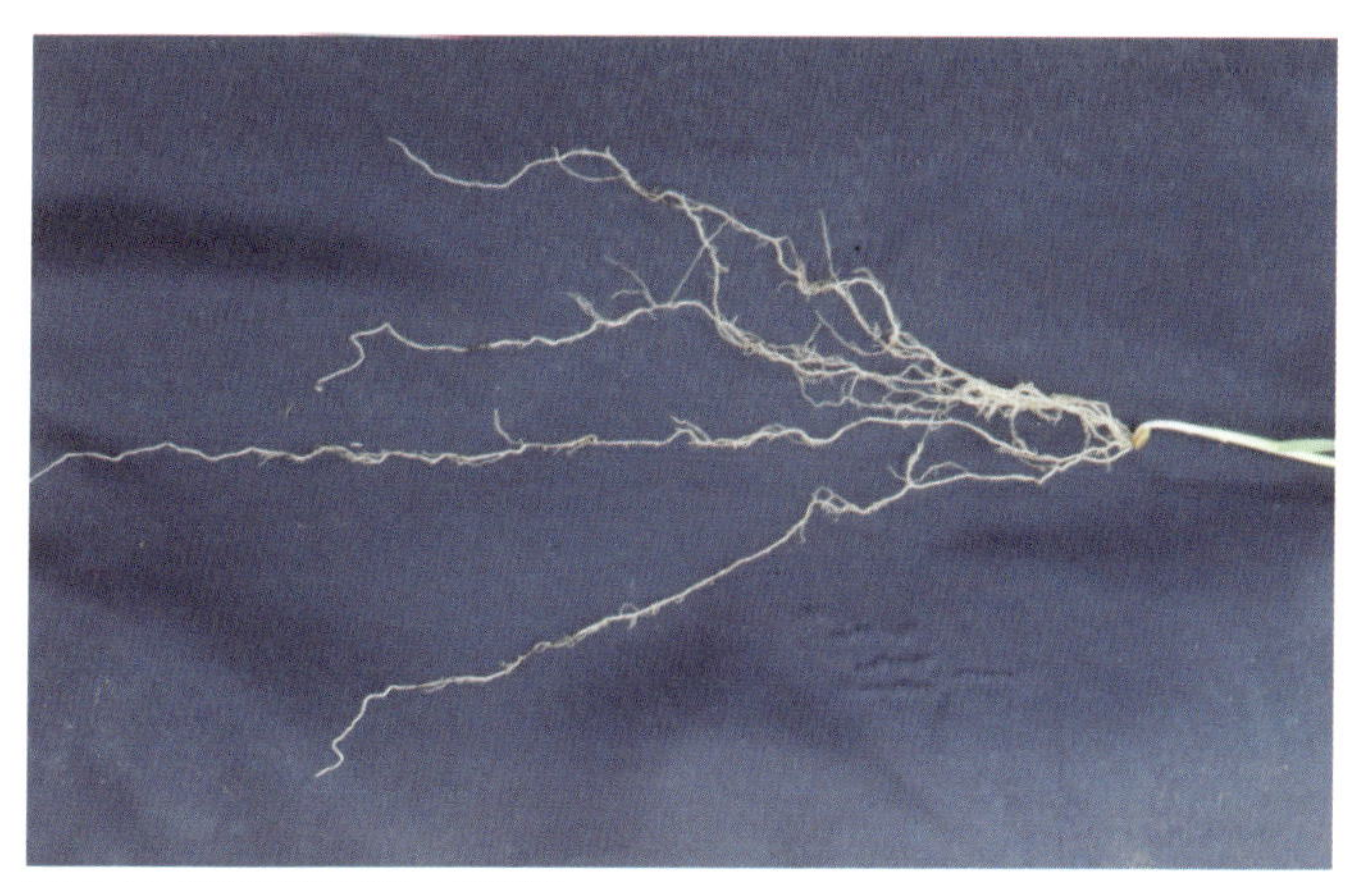

2：オオムギ（単子葉植物）のひげ根

column

双子葉植物、
単子葉植物とは？

種子が発芽するとき2枚の葉が出てくる植物を双子葉類、1枚の葉が出るものを単子葉類といいます。双子葉植物の葉の葉脈は網状脈、一方、単子葉植物の葉は細長く、葉脈は平行脈です。双子葉植物は草と木の両方があり、単子植物はほとんどが草です。

①根の役目は、水と栄養分を吸収すること

根が水を吸収することは、乾いてしおれた植物に水をあげると、短時間で根から葉まで水が移動し、元気になることからもわかります。植物の水の吸収は、葉から水分が蒸散するにつれてストローのように吸引される、あるいは根が水を押し上げる圧力から起こると考えられています。後者はへちまの茎を切り、へちま水を集める様子がわかりやすいでしょう。

根は水だけでなく、土中のイオンとなった養分を吸収します。根のすぐ近くの土は弱酸性になっていて、養分がイオンとなりやすくなっています。根の細胞の細胞膜には特定のイオンだけを細胞内に取り込める特殊なタンパク質が何種類もあって、それらのはたらきでさまざまなイオンが吸収されます。こうして取り込まれた養分は水分とともに、道管を通じて葉などに送られます。

column

菌根菌（きんこんきん）を知っていますか？

根の周り（根圏（こんけん））にいる糸状菌（カビ）で、主にリンなどを吸収し、根を通じて植物に必要な物質を供給します。そして見返りに植物から光合成産物をもらい、共生しています。根は自ら養分を吸収することができますが、根からわずか数㎜の範囲だけです。一方、菌根菌は菌糸を長く伸ばし、効率よく吸収することができるので、お互いにメリットがあります。アブラナ科、ヒユ科を除く、多くの植物で菌根菌との共生が知られています。

また根には根毛という細かな根が先端近くで生じ、活発に水分、養分を吸収します。根毛は発芽時には簡単に見ることができますが（写真下）、生長した根では細く、顕微鏡でないと見ることができません。

②植物を固定し、支える根

根は土に深く潜りこみ、植物が風雨で動かないようにしっかり固定しています。そのため、収穫や草取りで植物を根から引き抜くときには力が要ります。トウモロコシの根を引き抜くのには、１００kgの力が必要だそうです。逆に言えば、植物を植える場合は、根がしっかりと伸びるような広さと深さの土があることが重要となります。

カボチャの根毛

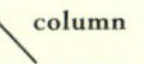

マメ科と共生する根粒菌（こんりゅうきん）

根粒菌は、菌根菌と同じように植物と共生しますが、細菌で、土中の窒素ガスを植物が利用できるアンモニウムイオンに変えます。また、ほとんどマメ科植物とだけ共生し、根にこぶ（根粒）を作ります。根を通じて植物に必要な物質を供給し、見返りに植物から光合成産物をもらう仕組みは同じです。

ラッカセイ（マメ科）の根の根粒

地下部を食べる野菜たち

さて、地下部を食べる野菜は「根菜」と呼ばれていますが、実は必ずしも「根」の部分を食べているわけではありません。では、実際にはどの部分を食べているのでしょうか。カブやサツマイモのような根菜を食べるときに、「これは根かな？　茎かな？」と考えてみるのも楽しいでしょう。

1：ハツカダイコン

2：サツマイモ（塊根）

3：ショウガ（地下茎）

食用となる部位

地中にある茎

- ショウガ（写真 3）
- ジャガイモ
- レンコンなど

根が肥大（塊根）したもの

- サツマイモ（写真 2）
- キャッサバ
- ヤーコンなど

茎の下部や根

- ハツカダイコン（写真 1）
- カブ（胚軸、茎の下部）
- ゴボウ
- ニンジンなど

column

4

5

6

「芋」と一口に言っても……

芋は、植物の地下部が肥大化してでんぷんなどを蓄えた器官の総称です。芋ができる作物のサツマイモ（ヒルガオ科）は根、ジャガイモ（ナス科）、サトイモ（サトイモ科）は地下茎を食べます。地下茎は鱗片状の小さな葉と芽があるので根と区別できます。

このように、芋と言っても植物の科や芋になる部位も違います。また、ほとんどが熱帯原産の作物です。

面白いトウモロコシの支柱根

品種によっては高さ４ｍほどになりますが、地上部からタコ足状に根が伸び、茎を支えます（写真4）。

根の無い植物

農作物ではありませんが、着生ラン（写真5）やサルオガセモドキ（写真6）などの木に乗っている植物やネナシカズラのような寄生植物は通常の根がありません。

上から見ると一目瞭然、太陽光を受ける葉の工夫

高校生の時、友達とどんな花が好きかと話していたら、そんなことには興味がなさそうな男が突然、セイタカアワダチソウと言ったのです。私は反逆光の夕日を受けて輝く花を思い浮かべながら、どうして好きか訊きました。彼は「春、背の低いときがきれいだ。」と答えました。周りは、ますます「えっ?」という顔をしました。たぶん5月ごろに、上から見たのだと思います。そうなら中心部は黄緑色で、下葉は濃い緑で、群落を作るので絨毯のように見えたはずです。

私たちは、いつも背の低い植物は斜め上から、背の高い植物は横から見ています。でもときに

は視点を変えて真上から見てみましょう。私たちが普段見ているものとは、異なった植物の姿が見えるでしょう。

下の写真を見るとわかるように、それぞれの葉は重ならないように、きれいに放射状に広がっています。こうすることで、すべての葉が効率よく日光を受け、周りの植物から近辺の水分や栄養を奪われることも防いでいます。つまり、真上から植物を覗き込むとわかるのは、太陽から見た植物の姿。葉を対に生やしたり、螺旋状に展開させたりとそれぞれ工夫を凝らして、太陽光を浴びる面積がなるべく大きくなるよう、効率よく作られています。太陽光を求める植物のたくましさ、そして機能的で造形としても美しいその姿には感心させられます。

タバコ、古い葉から新しい葉の順にａ～ｉまで示しました。すべての葉が効率よく日光を受けられるよう、重ならないように、位置が少しずつずれています。

ところで、
なんの作物か
わかりますか？

column

それでは、上から見てみましょう。この8つの作物は何でしょうか。どれも放射状に葉を広げ、光を浴びる工夫を凝らしています。知っているはずの植物が違って見えてきませんか。

A：レタス、B：カリフラワー、C：タアサイ、D：キヌア、E：ゴボウ、F：パセリ、G：イネ、H：パイナップル

美しい斑入り植物の秘密

緑の葉に白、黄緑、赤などの斑が入ったものを「斑入り」といいます。斑入りの葉を持つ植物はきれいで、花にも見られることがあり（写真3）、特に観賞用の植物の場合には特別扱いされます。斑入りは遺伝的なもので、突然変異によって葉緑素がなくなったり、他の色素に置き換わったりして生じます（植物ウイルスの感染による斑入りもあります）。

さて、斑入りの植物のデメリットは、成長が遅いことです。なぜなら斑入り植物の斑の部分は光合成を行うための葉緑素が少なくなっていて、植物全体が光合成で得られる栄養が少なくなるからと考えられます。

色鮮やかで、成長がゆっくりという性質を生かして、斑入りは生垣によく使用されます。写真4のように、緑の木に比べて斑入りの植物は成長が遅いのです。このことから、それほど頻繁に剪定する必要はなく、これは短所が長所になる一例です。

1. ツルニチニチソウの白い斑

2. カンナの黄色い斑

3. ダリアの花の斑入り

観賞用植物の斑入りはきれいですが、野菜や果樹では問題になる可能性があります。見ている限り、多少の斑入りでは生育に問題はなさそうですが（写真5）、それでも収量や品質に影響してくるでしょう。斑入りのイネを育てたことがありましたが、実ったのは痩せた種子ばかりでした。

また、葉緑素がないため葉や植物全体が白くなっているアルビノは、幼植物に時々見かけます。光合成ができないので成長できず、種子の養分を使いきったところで枯れてしまうことが多いです（写真6）。筆者の経験では、イネ科には斑入りやアルビノが多いように思われます。

斑入り植物は特に園芸植物によく見かけますので、その美しさと生育の様子を観察してみてください。

4. 黄色い斑入りと斑入りでない緑のデュランタの生垣

5. トウモロコシの斑入り

6. トウモロコシのアルビノ（右）と正常（左）

観察するとわかる、水分の意外な動き

雨が降っていないのに、早朝、葉にキラキラと水滴が付いているのを見たことがありませんか。これには2つの原因が考えられます。ひとつは夜露です。夜、気温が下がると、空気中の水蒸気が小さな水滴に変わり、地表近くに付着します。この場合は、植物以外も濡れています。

さて、もうひとつ考えられるのは……？

もうひとつの原因は、植物が根から吸った過剰な水分です。大部分の水分は、気孔（きこう）と呼ばれる葉の小さな開口部から蒸散します。しかし、気孔が閉まる夜間は、葉の縁にある水孔（すいこう）と呼ばれる小さな穴から余分な水分が排出されます。多くの場合、水孔は葉の周囲に（写真1、2）、イネ科の場合には葉の先端にあります（写真3）。

気温が上がると水滴が消えてしまうため、早朝にしか見られません。さらに、風があると水滴が落ちてしまい、見えなくなります。葉の先に朝日を受けて青、橙色、黄色に光きらめく雫が宿っている光景は、なかなかきれいなものです。出会えた朝は幸運だと言ってもいいかもしれません。

左ページのコラムにあるように、ブルーベリーは水孔から出てくる水を有効活用していますが、他の植物は無駄にしているかと言えばそうでもなく、ミツバチなどの栄養ドリンクとなっています。もし地面に落ちたとしても、微生物の餌になります。目に見えないところでも、自然は循環しているのです。

1：葉の縁に水滴が見えるイチゴ／2：ハスの葉にホースをつなぎ、葉の縁の水孔から水が出ている様子。真ん中から水が勢いよく出ているのは空気の取り入れ口の気孔から／3：葉の先に水滴が見えるスズメノカタビラ　(庭に多い雑草)

column

水孔から出てくるのは水分だけではない

水孔からは炭水化物とタンパク質が含まれた水が出てきます。最近の研究では、益虫（害虫を食べるか、害虫に寄生する昆虫）がブルーベリーの水孔から出てくる水を飲むと、寿命が長くなり、繁殖力が高まることがわかりました。ブルーベリーは、自分自身を守るために水孔を利用しているのです（P.Urbaneja-Bernat　2020年）。

植物の防衛策

動物や昆虫は生きるために植物を食べます。植物はそれを防ぐために何もしないのでしょうか？　もちろん動くことができないので、防ぐ手段が限られていますが、植物にも植物ならではの防衛手段があります。

とげは植物たちの「鎧（よろい）」

防衛手段のひとつはとげです。柑橘類には枝に鋭いとげがあるものが多く、他にザクロ、サンショウ、ナツメなどにもとげがあります。ドラゴンフルーツはサボテン科なので、葉と果実にも大きなとげがあります（写真1）。もちろん、果実はとげを取ってから出荷されます。

キュウリ（写真2）とトウガン（写真3）にもとげがあるのをご存じでしょうか。とげがあるのは新鮮な証拠ですが、とげは触れると痛いものです。そのため、とげのある未熟果は、「まだ種子が完全にできてい

1. ドラゴンフルーツのとげ

2. キュウリのとげ

3. トウガンのとげ

ないから食べるな」と植物が言っているかのようです。果実が熟すと、とげは目立たなくなります。

南米にとても大きなインゲン豆に似た種子が生る、チャチャフルートというマメ科の木があります。その苗木には虫が登るのを防ぐため茎にたくさんのとげが生え、大切な子葉にも葉の両面にとげがあります（写真4）。これだけとげがあるにも関わらず、ヨトウガの幼虫に食べられてしまいました（写真5）。一見すると、とげの効果がないように見えます。しかし、葉脈の上のとげのおかげで、虫が葉を全部食べることはなく、栄養分と水の通り道である大事な葉脈はそのまま残っていて、なんとか生き残ることができました。さらに観察していると、ヤギやヒツジはこのとげのある葉を食べません。やはり、とげの効果はあるのです。

とげの他にタケノコの皮も防護方法のひとつでしょう（写真6）。大事な新芽を丈夫な皮で覆い、皮に細かな毛も生やして、イノシシなどの動物や昆虫から身を守っています。

4. チャチャフルートの苗、茎や葉にとげがある

5. 害虫に食べられたチャチャフルートの子葉

6. タケノコ（マダケ）

防衛策として、毒を作る植物もたくさんあります。これは動物などに食べられるのを化学的に防いでいるのです。そして逆に、動物に果実を食べて種子を運んでほしいときには毒の量が減るなど、うまくできています（134ページからを参照）。

毒を作り出し、味方を呼ぶ植物たち

多くの植物には葉、茎、花に細かい毛が生えています（写真1、2）。これらはトライコームと呼ばれる毛状突起で、細長い表皮細胞です。トライコームの役目は、アブラムシなどの害虫の食害を物理的に防ぐことです。また、多くの植物では、トライコームが特殊な化学物質を蓄えています。例えば、バジルの葉をこすると、とてもよい香りがしますが、この化学物質は害虫を遠ざける効果があります。

一部のナス科の植物では、トライコームに含まれる揮発性の化学物質が、害虫を餌とする別の昆虫を引き付けることが知られています。つまり、害虫がこの植物の葉を食べると、揮発性成分が空気中に広がり、害虫を食べる益虫（害虫にとっての天敵）を引き寄せるというわけです。このように、多くのトライコームは植物体を物理的に保護するだけでなく、植物が攻撃されたときに、植物を守ってくれる昆虫との化学的コミュニケーション機能も備えています。

植物と他の生き物との関わりは、まだまだ解明されていないことばかりですが、これまで想像されてきた以上に、的確で効率的なシステムであるのは間違いないでしょう。

1. 食用ホオズキの葉のトライコーム

2. 食用ホオズキの茎、葉柄、つぼみもトライコームに覆われています。これは前述のように、幼植物のときからです

植物たちのコミュニケーション

植物と昆虫の化学的コミュニケーションについては、前のページでも説明しました。植物同士もコミュニケーションを取って助け合っていることが知られてきています。

シロイヌナズナ（植物の実験によく使われる）はにおいを感じ、反応することがわかりました。シロイヌナズナが昆虫に食べられた時に出すにおいを、隣のシロイヌナズナは葉にある気孔を通じて感じ取ります。そして、葉肉細胞(ようにくさいぼう)などでシグナルを発生させ、養分の通り道である師管(しかん)を通じて植物全体に伝え、虫が嫌う物質を作っていることがわかりました。

さらに、異種の植物間でも同様のコミュニケーションがあることがわかりました。虫（ハスモンヨトウ）がトマトの葉を食べると、そこからにおいが拡散し、そのにおいをシロイヌナズナは感じとり、虫が嫌う物質を作っているのです。つ

column

まりトマトは虫に食べられたら、シロイヌナズナに注意するように伝え、シロイヌナズナは虫に食べられないように準備していたのです（Y. Aratani　2023年）。

植物は聞いている

シロイヌナズナにモンシロチョウの幼虫が葉を食べるときのわずかな音を2時間聞かせると、辛味成分の分泌量が増加しました。これは虫が葉を食べるのを防ぐと考えられ、静かな場所に置いた場合、無害な虫の振動を聞かせてもシロイヌナズナは反応しなかったと言います（H. Appel　2012年）。

また、トマトやタバコは傷つけられたり、乾燥などのストレスを受けたりすると、超音波の音を発します。その音を分析することで、植物の種類と状態がわかるということが報告されています（L. Hadany　2023年）。

野菜や果樹から生まれた美しい植物

一部の野菜や果樹や、その近縁種は観賞用植物として栽培されています。収穫ではなく観賞を目的に品種改良されているので、さらに美しい姿になっています。もとの植物が何だったのか、また、もとの植物と同じ点や違う点を見つけ、観察してみましょう。

例えば、五色唐辛子（写真2）は、トウガラシの面影を残したまま、カラフルで軽快な姿になっていて、ハロウィンの時期には鉢物としても人気です。また、冬の花壇や寄せ植えによく見かけるハボタン（写真3）は、キャベツの仲間だということをご存じでしょうか。見た目もキャベツそっくりで、何が由来なのかは一目瞭然です。葉の切れ込みや色のバリエーションも豊かです。

身近な野菜や果物でも、今までとはちょっと見方を変えると、新たな発見があると思います。そのような小さな発見でも、それが他の知識とつながったり、それはなぜ？　と考えたりすると、もっと面白くなることでしょう。

1. カンナ（食用カンナと近縁）

2. 果実の色が変化する五色唐辛子（トウガラシの一種）

3. ハボタン（キャベツの一種）

4. 観賞用タマネギ（タマネギと近縁）

5. ゴシキパイナップル（パイナップルと近縁で果実は食べることができる）

6. 花ごとに色が変わる「咲き分け」が見られるハナモモ（モモの一種）

第3章

「科」を見分ければ植物がわかる

植物の名前を知りたいとき、みなさんは図鑑やインターネットで調べることでしょう。でも、もし何の知識もなければ、写真を次々と見て同じものを探す「絵合わせ」をしなければなりません。これは大変な作業で、しかも似ている植物があり、名前まで行き着くのはかなり困難です。そこで、お勧めの方法があります。

それは、それぞれの「科（か）」の特徴を覚えることです。「科」とは花や葉、果実などが似たものをまとめたグループです。それがわかれば名前を調べるのが楽になるばかりでなく、植物を楽しみながら理解することができます。

名前を知るのが植物に親しむ第一歩

植物に親しむには、まずその名前と特徴を知ることが最初の一歩です。見知らぬ土地で人と親しくなるには、顔と名前を覚えることから始まるのと同じです。そのときに役立つのが「科」の見分け方です。

もしどこかで見かけた花の名前を知りたかったら、「花は小さくて青くてかわいかった」くらいの印象だけでなく、もう少し観察して情報を集めてみましょう。花や葉の形や付き方はどうか、草丈はどのくらいか。探せばどこかに実も生（な）っているかもしれません。

具体例を挙げてみましょう。春、川の土手に黄色い花が咲いていて、花びらは十字形になっています。葉の付け根を見ると、葉が茎の横にまで広がって、茎を抱いているものと、葉が葉柄で茎とつながっているものがあります（下のイラスト）。前者はアブラナで、後者はカラシナです。

また、そのころ畑にはダイコンが咲いていることでしょう。その花も

カラシナ

アブラナ

十字形で、果実もアブラナやカラシナと同じようですが、花色は青紫色から白で、花びらに縦に筋が見られます。

これらの共通点は、花びらが十字形に4枚であることで、これがアブラナ科の特徴です。もし、名前を調べたい植物の花びらが十字状に4枚なら、アブラナ科かもしれないとわかり、調べる範囲が狭まって簡単になります。また、植物を観察して科を予想することは楽しく、誰にでも始められます。

植物の特徴では、1．草本（草）、つる植物、大本（木）のどれか、2．花の特徴、3．葉の特徴、4．その他の特徴（草丈、果実の形、茎や幹の様子）などを見ます。どんな所にあったか、花が咲く季節なども重要な情報です。

土手の黄色い花

ダイコンの花

植物の特徴と基礎知識

◎花の構造

単性花　雄花、雄しべだけがある
　　　　　雌花、雌しべだけがある

両性花　雄しべと雌しべの両方がある花

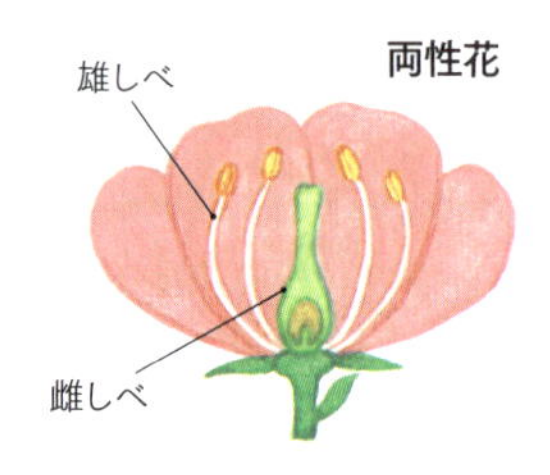

花の形

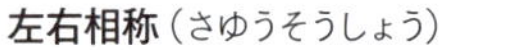

左右相称（さゆうそうしょう）

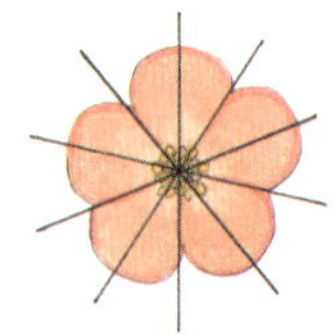

放射相称（ほうしゃそうしょう）

◎主な花の配列（花序）

総状
（アブラナ、トマトなど）

散形
（セリ、ネギなど）

複散形
（ニンジンなど）

集散
（シソ、ジャガイモなど）

円錐
（イネなど）

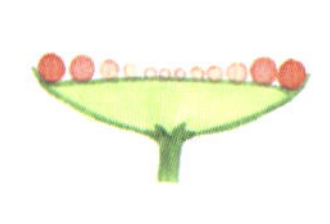

頭状
（キク科など）

◎葉の形

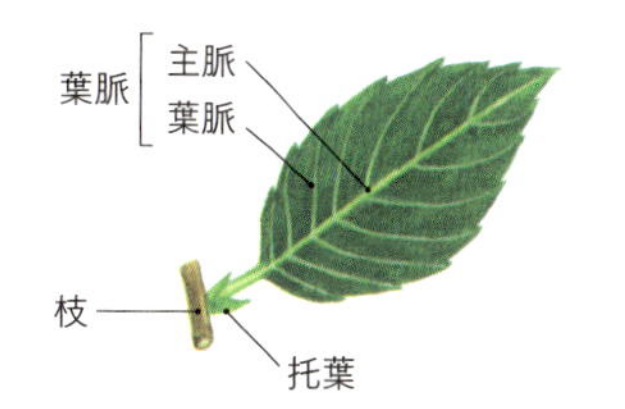

単葉
（たんよう）

三出複葉
（さんしゅつふくよう）
葉軸の先端と左右に
小葉がつく

偶数羽状複葉
（ぐうすううじょうふくよう）
小葉が葉軸の左右に
羽状に並ぶ

奇数羽状複葉
（きすううじょうふくよう）
羽状複葉の先端に
小葉が1枚ある

二回羽状複葉
（にかいうじょうふくよう）
羽状複葉の小葉が
もう一度羽状になる

◎葉の付き方

互生
（ごせい）

対生
（たいせい）

輪生
（りんせい）

これだけは覚えておきたい「科」

植物の科は４００以上あります。本章では身近な植物に多い科を厳選し、大まかに科の特徴をつかめるよう、野菜、果物を中心に簡潔にまとめました。最初に、よく見かけ重要だと思われる10科を、次に、その他の科を解説します。最初はそれぞれの科の概略をつかみましょう。例外もありますが、誰にでもわかりやすいように、科の特徴をできる限り、思い切って単純化しました。植物のことをよく知らない人でも、調べたい植物が何科であるかを推定するのに役立ちます。

科ごとには類似点があります。例えば、ハーブには葉に爽やかな香りのあるショウガ科、シソ科、セリ科が多く、ヒガンバナ科は球根ができる、などです。そのため、科がわかると、利用や栽培のヒントにもなります。

凡例

科名

- ：原産地と主な栽培地
- ：草本（草）、つる植物、木本（木）の区別
- ：花の特徴
- ：葉の特徴
- ：その他の特徴
- ◎：この科に属する**野菜**、**果樹**などと観賞植物、野草（食用ではない）
※本章では、特に大事だと思われる特徴を強調しています

アブラナ科

：温帯

：一年草、秋に種が発芽し、冬を越して、春に開花するものが多い

：**花弁は4枚十字形**、黄色、白、紫色で、細長い果実、球状の種子を持つものが多い

：多くは単葉、互生し、しばしば基部が広がって茎を抱く

：**アブラナ**、**カブ**、**カリフラワー**、**コマツナ**、**ダイコン**、**ハクサイ**、**ブロッコリー**、ナズナなど

キャベツ

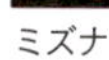

ミズナ

チンゲンサイ

ワサビ

イネの花（矢印は雄しべ、雌しべは中にあり見えない）

トウモロコシの雌花（矢印は雌しべ）

イネ

サトウキビ

マダケ

イネ科

：熱帯から温帯

：一年草または多年草（2年以上生存する草）

：風によって受粉するため、**花弁が無く**、めしべは長くて毛が生えている

：**細長くて薄く、平行な葉脈がある**

：**オオムギ、コムギ、ハトムギ、ライムギ、レモングラス**、ササ類、ススキなど

＊：穀物として重要なものが多い

ウリ科

：熱帯から温帯

：**つる性**で一年草または多年草

：花は黄色または白く**放射相称**、**葉の付け根に咲く**

：丸い葉で、切れ込みがあることもある

：**スイカ**、**ニガウリ**、**ハヤトウリ**、**ヘビウリ**、**メロン**、**ユウガオ**、カラスウリなど

：果菜類（果実を食べる野菜）が多い

キュウリ

カボチャ

ヘビウリ

キク科

：熱帯から温帯

：草本（そうほん、草のこと）、木本（もくほん、木のこと）もある

：**小さな花が集まり、ひとつの花のように見える（頭状花序）**、花弁は黄色、白の他、紫、赤もある

：葉は変化に富み、多くは香りがある

：**ゴボウ**、**フキ**、**ヤーコン**、セイタカアワダチソウ、タンポポ、コスモスなど

タンポポ

アーティチョーク

ヒマワリ

column

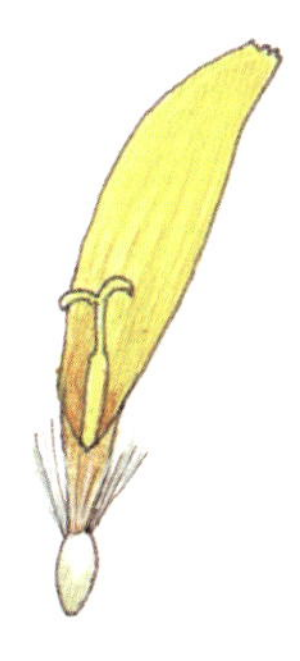

舌状花

筒状花

キク科の花は集合体

キク科の花は一見、ひとつの花のように見えますが、実は小さな花の集まりなのです。例えば、ヒマワリの黄色く花弁のように見えるのは、ひとつの小さな花(舌状花、イラスト左)で、中央部には花弁が小さく目立たない筒状花があります(右のイラスト)。また、タンポポは舌状花だけ、アーティチョークは筒状花だけでできています。

シソ科

：温帯

：多くは草本で、木本もある

：**5枚の花弁が筒状に集まり、その下に大きな花弁がついた独特の形で穂状に咲く**、花弁の色はさまざま

：対生の葉には**独特の香り**がある

：**茎の断面は正方形**（イラスト参照）

：**エゴマ**、**オレガノ**、**タイム**、**ミント**、**レモンバーム**、コリウス、ホトケノザなど

シソ

バジル（赤花）

ラベンダー

ローズマリー（白花）

イタリアンパセリ

チャービル

ディル

ニンジン

セリ科

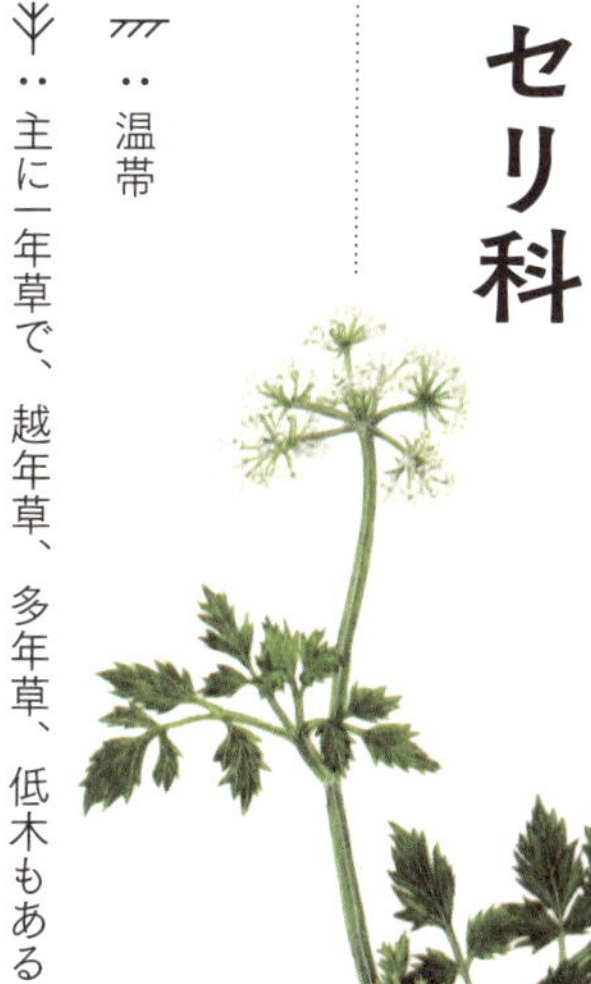

：温帯

：主に一年草で、越年草、多年草、低木もある

：**まっすぐに伸びた茎の先に、小さな花が傘のように、外側から咲く**、花弁の色は白または黄色

：付き方は多様であるが、**揉むと匂いのするものが多い**、羽状に切れ込んだり、レースのようだったりと、繊細な形状の葉が多い

：**アシタバ、キャラウェイ、セリ、セロリ、パクチー、パセリ、フェンネル、ミツバ**など、食用になるものも多いが、他に毒草もある

ナス科

：熱帯、温帯

：一年草、多年草、低木

：**花弁と、がく片が基部で合体し、5つに分かれ、放射相称の両性花、**花弁の色は多彩

：互生

：**ナス、ピーマン、ペピーノ**、タバコ、ペチュニアなど　食用になるものも多いが、毒草もある

トウガラシ

ジャガイモ

食用ホオズキ

トマト

バラ科

：熱帯、温帯

：主に木本だが、低木、草本、つる植物もある

：**花弁とがく片が5枚、雄しべが10本以上**、花弁は白、ピンクが多い、バラや桜などのように八重の花もある

：薄く、多くは鋸歯（葉の縁がのこぎりのようになっている）で、托葉がある、互生

：**アーモンド、ウメ、サクランボ、スモモ、ビワ、モモ、洋ナシ**、サクラ、バラなど

アンズ

イチゴ

ナシ

リンゴ

ヒガンバナ科

：熱帯、温帯

：多くは多年草で**球根を持つ**

：**放射相称の両性花が、葉のない花茎の頂点に付く**、花弁の色はさまざま

：**細長く多肉質で、平行な葉脈**がある

：**タマネギ、ネギ、ワケギ**、アマリリス、ヒガンバナなど、全草に独特のにおいがあるものが多く、有害なものもある

チャイブ

ニラ

ラッキョウ

ニンニク

マメ科

：熱帯、温帯

：草本、木本

：**蝶のような形や球状**もある、ほとんどは虫媒花（ちゅうばいか）（昆虫の媒介で受粉する花、エンドウは例外）で、花色は多彩

：**葉は羽状複葉が多い**

：**細長いさやの中に種子（いわゆる豆）が1列に並んで入っている**

：**アズキ、ササゲ、ソラマメ、ダイズ、ラッカセイ**、ネムノキ、ハギ、フジなど

インゲンマメ

エンドウ

アカツメクサ（帰化植物）

ネムノキ

その他の科

身近によく見かけ、私たちの生活に重要な科を紹介します。植物は実に多様性に富みますが、科を見分けるポイントがだんだんとわかってきたと思います。

科は、花や果実の形などの特徴が同じ植物をまとめたもので、近年は遺伝情報の類似性が分類の基準です（AGP Ⅳ）。幸いなことに、これまでの形態による分類と遺伝情報による分類とはあまり大きく変わっていません。遺伝情報が似ていると形もおのずと似てくるので、これまでの知識の大部分がそのまま活用できるのはありがたいことです。

アオイ科

：熱帯

：一年草または木本

：**5枚の花弁と多数の雄しべが基部で繋がって、雌しべを取り囲む**、花弁は白、黄色、赤、紫色

：手のような形をしていることが多く、通常は互生

：**カカオ**、**ドリアン**、**トロロアオイ**、ハイビスカス、フヨウ、ムクゲ　など

オクラ

タチアオイ

クワ科

：熱帯に多い

：多くは木本

：花弁かがく片のどちらか一方しか持たず、小さな単性花で、まとまって咲き、**果実は集合果となる**

：対生

：**乳状の樹液がある**

：**ジャックフルーツ、パンノキ**、インドゴムノキなど

イチジク

クワ

ショウガ科

：熱帯、亜熱帯

：多年草

：**雄しべは1本で、他の2本は大きな花弁のようになり左右対称**、花弁は白、黄色、赤、紫色

：平行な葉脈を持ち、葉鞘が重なり茎のように見える偽茎となる

：**香りを持つものが多く**、香辛料によく使われる

：**ガジュツ、カルダモン、ミョウガ**など

ショウガ

ウコン

ツツジ科

：温帯

：主に低木、草本、高木もある

：**花弁は融合して壺形となり、放射相称で、**白、黄色、赤、紫色

：単葉で多くは常緑で托葉はなく、互生または輪生

◎：**クランベリー**、サツキ、シャクナゲなど

ブルーベリー

ツツジ

トウダイグサ科

：熱帯

：一年草、二年草、木、多肉植物と多様

：**雄花と雌花に分かれ、花弁はないものが多い**（上の写真、上部が雌花で、雄花は下部）

：手や羽のような形

＊：**傷をつけると有毒な乳液が出る**ものが多い

◎：シナアブラギリ（桐油の原料）、ナンキンハゼ（和蠟燭の原料）、パラゴムノキなど

トウゴマ（観葉植物、有毒）

ポインセチア

トケイソウ科

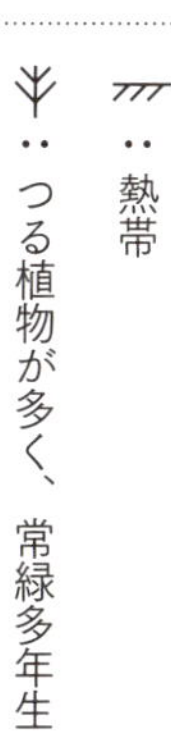

：熱帯

：つる植物が多く、常緑多年生

：**時計を思わせるユニークな形**

：単葉、互生

◎：日本で一般的なトケイソウは *Passiflora caerulea* という種で、寒さに強いが美味しい果実はなりにくい。葉や未熟な果実は有毒。**パッションフルーツ**は別種（*Passiflora edulis*）の果実である。

パッションフルーツ

バデア（果実の長さ30cmぐらいになるパッションフルーツの一種）

ヒユ科

：熱帯、温帯

：ほとんどが一年草

：**小さな両性花、放射相称、花粉は風によって運ばれるため量が多い**

：単純で、互生または対生

◎：**オカヒジキ**、**スイスチャード**、**ホウレンソウ**、ケイトウ、ハゲイトウなど

アマランサス

ビーツ

ヒルガオ科

：熱帯

：**つる植物**

：**5枚の花弁が融合したラッパ状で、多くは1日でしぼむ、**花弁は多彩

：単葉

：アサガオ、ヒルガオ、ルコウソウなど

サツマイモ（南日本以外では開花しにくい）

クウシンサイ

ブドウ科

：熱帯、温帯

：**多くはつる性の木本**

：放射相称で小さな花弁、がく片、雄しべ、雌しべの数は4～5

：単葉（多くは手の形）あるいは複葉で、托葉がある、葉に対生して巻きひげがある

：野草にツタ、ノブドウ、ヤブガラシなど

ヤマブドウ

ブドウの花

ミカン科

：熱帯、温帯

：木本が多い

：花弁、がく片がそれぞれ5枚、まれに両方とも4枚、花弁は白から黄色が多い

：光沢があり、通常対生、複葉で、托葉はない

：**葉には油のたまった油点があり、芳香の元となる**

：**ウンシュウミカン、キンカン、ユズ、レモン**

オレンジ

ライム

モクセイ科

：熱帯、温帯

：木本、一部低木やつる性植物もある

：**花弁は合弁で多くは先が4つに分かれる両性花、芳香があることが多い**

：対生、托葉がなく、単葉、羽状または三重複葉

：園芸種にジャスミン、ヒイラギ、ライラックなど

オリーブ

キンモクセイ

何科の植物でしょうか？

column

これまで見てきた科の特徴を踏まえて当ててみましょう。
慣れると、植物のどこに着目すればよいのか、コツがつかめてきます。

← 答えは次のページ

解答　　()内は種名です。

A　アオイ科	花は5枚の花弁が基部で繋がっています。アオイ科の典型的な花の形です。ヒルガオ科に花は似ていますが、つる性ではありません。(トロロアオイ)
B　バラ科	花弁が5枚、雄しべが10本以上あります(写真ではがく片は見えません)。典型的なバラ科の花です。葉はまだ出ていません。(アーモンド)
C　トケイソウ科	花はトケイソウ独特の形をして、つる性です。日本にはない植物でも科を推定することができます。(パッションフルーツの野生種)
D　アブラナ科	下の方から咲いている黄色い十字の花がポイントです。葉脈がはっきりし、また花茎がたくさんあります。(ブロッコリー)
E　ウリ科	黄色い花は放射相称で、ウリ科の典型的な形です。円形に切れ込みのある葉で、つる性です。(ニガウリ)
F　セリ科	茎の先に、小さな白い花が傘のように外側から咲いています。葉を摘むとにおいがするはずです。(パクチー)
G　ショウガ科	葉脈は平行で、葉鞘が重なり茎のようになっています。また、花は左右相称です。葉からさわやかなにおいがするはずです。(ミョウガ)
H　イネ科	葉は細長くて薄く、平行な葉脈がありイネやススキに似ていますが、揉むとレモンの香りがします。花が見えますが、温帯ではめったに咲きません。(レモングラス)
I　ナス科	花弁が5つに分かれ、中央に雌しべ、周りに雄しべがある放射相称の花です。ナス科では珍しいつる性で、きれいな花を楽しむ園芸植物です。(ツルハナナス)
J　マメ科	花は蝶のような形で、葉は羽状複葉です。写真の植物は木です。花から甘いにおいがすることでしょう。(ニセアカシア)
K　ヒガンバナ科	葉は細長く多肉質で、平行な葉脈があります。花は放射相称の両性花です。葉は中空でネギのにおいがします。(ネギ)
L　キク科	花はヒマワリに似ています。大きな葉は矢印状です。この葉から種が推定できます。(ヤーコン)

右記の解答ではどのような特徴を見て科を推定しているのか、例を多く解説しました。また、においも見分けるポイントのひとつです。

科は遺伝情報に基づいて分類されているので、同じ科の植物は共通、あるいは類似の化学物質をもっていることが多いです。例えば、トウダイグサ科の植物の乳液でかぶれる人は、雑草も含めてその科の植物を覚えておくと、かぶれを避けることができます。

科の特徴を覚える早道は、名前がわかっている植物を観察することです。そうして、初めて見た植物の科が推定できたらうれしいものです。

時として、例外に戸惑うこともあるかもしれません。「蝶のような花がマメ科の特徴」と覚えた後で、花火のような花のネムノキもマメ科だと知ったときは、「どうして?」と思うことでしょう。それでも、葉が羽状複葉で、さやの中には光沢のある種子が実る……など共通点を見つけたら納得できて、植物の観察がより一層楽しくなってくるでしょう。

第4章
人とともに進化を続ける新品種

監修・竹下大学

ニュースなどで「新品種ができました」と耳にすることがあります。イチゴを例にとると主なものだけでも、とよのか（1984年）、女峰（1985年）、とちおとめ（1996年）、紅ほっぺ（2002年）、あまおう（2005年）、あまりん（2019年）、とちあいか（2024年）と次々と新品種が登場しています。新品種とは、「さらに甘い」など他の品種と異なる特性を持ち、その特性がいつも現れ、次世代に引き継がれるものをいいます。

現在では国や県の研究機関と種苗会社が続々と新品種を発表していますが、実は農家の方や愛好家が作ったものも数多くあります。野菜や果物、植物は人の手や時代を経て、ともに歩みを進めてきました。

column

そもそも「新品種」とは？

植物の花の色の他、果実や種子の色、大きさ、美味しさ、品質、収量、いつ収穫できるか（早生（わせ）・中生（なかて）・晩生（おくて））、栽培のしやすさ、また、病害虫、寒暖に対する強さ、収穫や保存のしやすさなど、何らかの新しい特性をもった品種のことです。私たちにとって好ましい性質であれば、特性の内容は問いません。

新品種が私たちにもたらすもの

新品種は、どのように私たちの役に立っているのでしょうか。

例えば、新品種の美味しいイチゴが食べられるようになったというのはわかりやすいですね。もちろんイチゴばかりでなく、たくさんの野菜、果物、穀物、イモなどは新品種のおかげで品質が良くなっています。

また、品質の向上ばかりでなく、収量（しゅうりょう）※が増える品種も作られています。お米（水稲）は１８８３年（明治16年）から統計があり、当時の収量は１７８kg／10aでした。それが２０２３年には５３３kg／10a、約3倍になっています。（e-stat, 作物統計調査 ２０２３）。１４０年間で収量が3倍に増えたとは驚くべきことです。これは、栽培技術、肥料、病害虫防

日本の米の収量の推移（kg /10a）

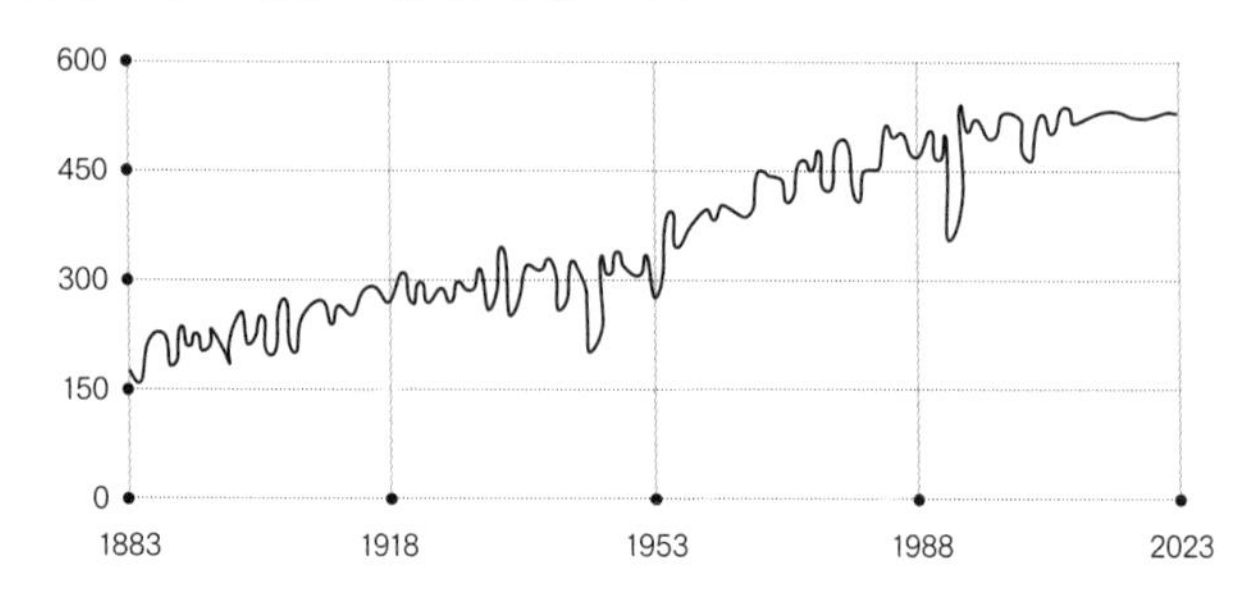

※　収量とは、収穫の分量のこと。

除など、農業技術発達の総合的な成果ですが、中でも新品種が果たしてきた役割は大きいと思います。近年、収量は横ばいですが、これは収量より品質向上を優先した米づくりが行われているからです。

なお、グラフで1945年と1993年は収量が大きく低下しています。1945年は終戦の年で、1993年は記録的な冷害でした。

新品種はどうやってできるのか？

新品種を作ることを、品種改良または育種（いくしゅ）と言います。その方法は4つ。突然変異したものを探す、偶発実生（ぐうはつみしょう）を見つける、交配する、その他の方法です。

突然変異した株を見つける

新品種を作るもっとも簡単な方法は、突然変異で生じた優良株を選ぶことです。突然変異とは、遺伝子または染色体の一部が変化したために、これまでとは形や性質に違いが現れることです。その違いは遺伝します。自然に突然変異する確率は低いですが、どんな生物にも起きる可能性があります。突然変異の結果、生まれた個体は元の生物よりも劣ることが多いですが、優れることもあります。そのなかから、好ましい特性を持ったものだけを新品種にします。

写真1は園芸植物のネモフィラですが、水色の花の中に白い花がいくつか見られます。もしあなたが白い花がきれいだと思ったら、その種子を採ってまいてみましょう。それがどこに植えても、また来年も変わらず白い花が咲いたとしたら、新品種となる可能性があります。

これが簡単にできる場合と、先祖返りと言って元の水色の花に戻ってしまう場合があります。写真2は斑入り品種から部分的に、斑入りでない元の品種に戻ってしまった例です。

1：ネモフィラの白花

2：斑入りギンバイカの先祖返りした、緑の枝

コシヒカリやササニシキの親は、突然変異の賜物

1893年9月29日、山形県庄内町の農家、阿部亀治（写真3）は、冷害でイネがまったく実らない中、「惣兵衛早生」という品種（冷立稲といって、冷たい水が入って来る入り口に植えたイネ）の1株だけが、3本の穂をつけているのを見つけ、それをもらって育てました。亀治はその種子から4年かけて、低温に強いばかりでなく、病気や害虫にも強く、しかも美味しいお米が採れるイネを選び、新品種「亀ノ尾」と名付けました。彼はその種子を希望者に無料で与えたといいます。

亀ノ尾はその後、イネの三大品種とまで言われるほど広く栽培され、そして多くの品種の親にもなりました。おなじみの人気品種であるコシヒカリ、ササニシキ、ひとめぼれもその血を受け継いでいます。また、亀ノ尾は今でもお酒の原料の酒米として栽培されています。

その前後の時代の、江戸から明治にかけて、農家が在来品種から沢山の新品種を見出しました。これらの新品種を作った人の中には、阿部亀治のように寺小屋でしか勉強していない小作農もいましたが、皆さん、農業に対する熱い情熱、鋭い観察眼をもった篤農家でした。そのイネの遺伝子は現在の品種に受け継がれています。

3：亀ノ尾を作った阿部亀治

栽培中のイネの突然変異から生まれた新品種

コシヒカリは皆さんご存じの有名な品種ですが、水田で突然変異した株を見つけて、それを新品種にした例がたくさんあります。胚芽（はいが）（芽になる部分で、白米にするときに取れてしまう）が通常の3～4倍の大きさの株を見つけて、「カミアカリ」という玄米食用の新品種が作られました（松下明弘、2008年）。また、水田で背の高い株を見つけ、通常のコシヒカリの約1.5倍と大粒の品種「いのちの壱」が誕生しました（今井隆、2006年）。「五百川（ごひゃくがわ）」は、生育が早く、背が低く倒れにくい、極早生（ごくわせ）の株から生まれました（鈴木清和、2010年）。有名な「あきたこまち」の中からも生育の良い株が発見され、そこから粒が大きく、暑さ寒さに強い新品種「ズッパーサン」ができました（畠山和男、2024年）。

column

江戸～明治時代の農家が見つけたイネの新品種の例

突然変異で性質の変わった穂を見つけ、
それから次のような新品種が作られました。

- 実りの良い穂から：関取（せきとり）、雄町（おまち）
- 芒（のぎ）（籾にある針状の突起、収穫や種まきの邪魔になる）のない穂から：神力（しんりき）、坊主
- いもち病に強い穂から：亀治
- 肥料を多くしても倒れないイネの穂から：銀坊主、旭

column

縄文時代から続くダイズの品種改良の歩み

ダイズの原種は野生の植物ツルマメです。縄文時代草創期にはツルマメ（写真左）が栽培されていましたが、その種子は直径およそ4㎜と小さく、つる性でした。縄文時代早期後半の遺跡からは、そこから選ばれたダイズがあったことが確認されています。しかも、縄文時代の年代が新しくなるにつれ、粒が大きくなっていったこともわかっています。 つまり、私たちの祖先は縄文時代から、種子がより大きな新品種を探し続けていたのです。そして今日までに、同時に発芽し、つる性でなく茎が直立し、熟してもすぐに種子が落ちずに、さやは簡単に開いて、同時に収穫できるという栽培しやすい特性と美味しさを持ったダイズになりました（写真右）。すでに長い時を経て改良されてきたダイズですが、もちろん今でも、より高い理想を目指してさらなる改良が重ねられています。人類の抱く品種改良への情熱は、冷めることがないようです。

ダイズの原種ツルマメ

成熟したツルマメ。 さやはすでに開いているものもあり、種子は小さい

現在のダイズ、つる性ではなく、生育が揃う

果樹は、突然変異の一種である「枝変わり」を探す

前のページまでは花とイネの話をしてきましたが、それでは、果樹の場合はどうでしょうか。

枝変わりとは、果樹などで、ある枝だけ果実の大きさ、色、実をつける時期などが、他の枝と違うことです。その枝に突然変異が起きたのです。枝変わりは、普段の生活でも、注意して見ると時々見つけることができます。例えば、写真1はこの枝だけとげの短いランブータン（右は同じ木の別枝の果実）、写真2はこの枝だけ早く咲いているサクラ、写真3は葉が黄色くなったキョウチクトウです。

枝変わりで生じた変異が私たちにとって有益で、いつも発現されるなら、新品種となることがあります。例えば、リンゴの「ふじ」（114ページ）からは、いくつもの枝変わり由来の新品種が生まれています。

1：ランブータン（左：とげが短い、右：通常の果実）

2：サクラ（この枝だけ早咲き）

3：キョウチクトウ（園芸植物、この枝だけ葉が黄色い）

枝変わりからの新品種は、挿し木や接ぎ木で殖やす

果樹の種子にはばらつきがあるため、まいても親と同じにならないことが多々あります。そこで、果樹は原則的に、挿し木や接ぎ木で殖やします。挿し木と接ぎ木の方法と、そのポイントは次のページで解説する通りです。

[挿し木と接ぎ木の方法とポイント]

果樹では葉のついていない状態で行う、休眠挿しと休眠接木が一般的です。

◎挿し木とは？

枝の一部を切り取って土に挿し、根を出させて苗を育てる方法です。 発根には 20 ～ 25℃が最適で、梅雨どきは湿度も高いので、挿し木に適しています。

◎接ぎ木とは？

殖やしたい植物の枝を切り取り（接ぎ穂）、それを他の植物（台木。図中では濃い緑色で示した部分）に差し込み、台木の根から水分と栄養を得て、接ぎ穂を生育させる方法です。台木は接ぎ穂と同種、または近縁である必要があり、ポイントは両者の形成層を密着させることです。形成層は、切り口に見える緑色の部分のすぐ外側にあります。

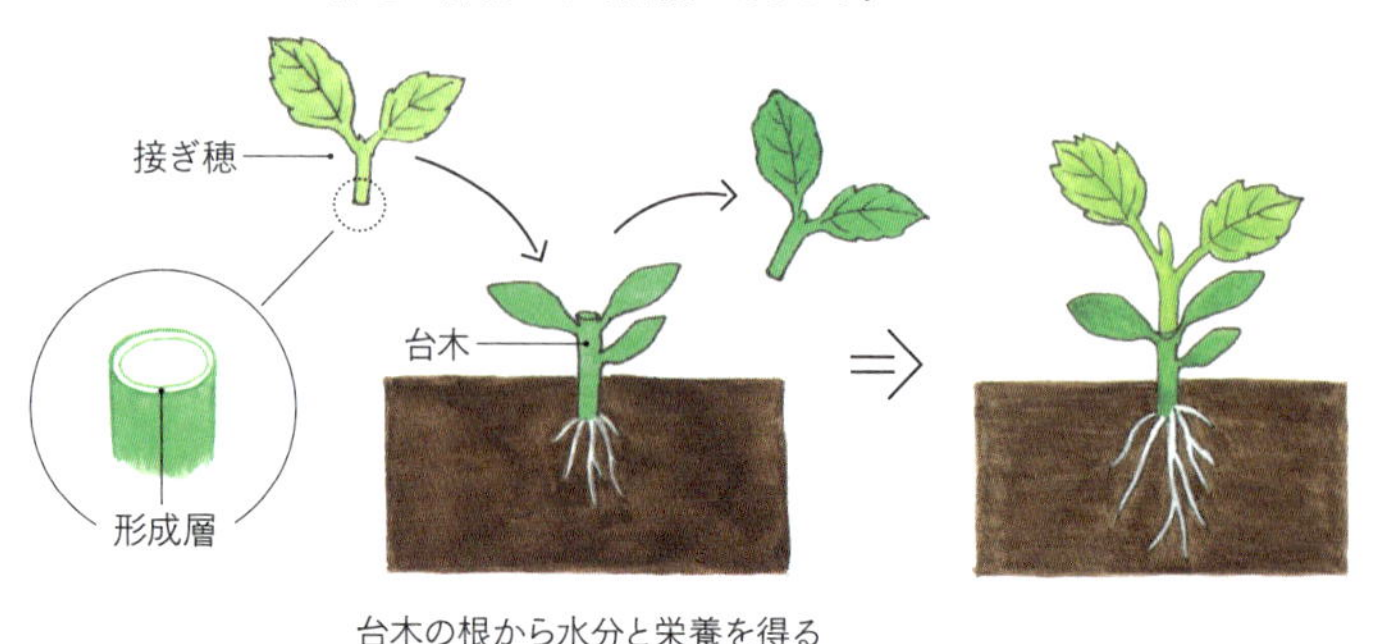

◎挿し木をする方法

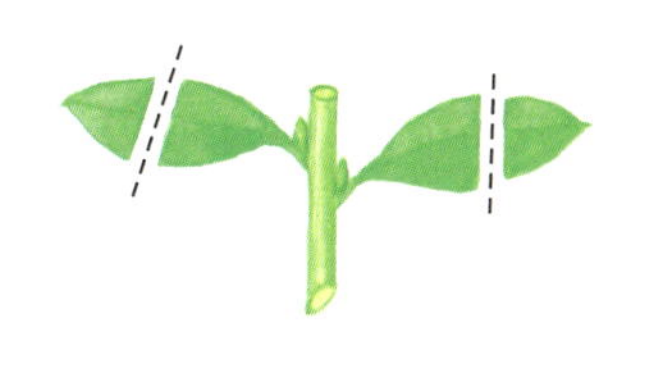

① 元気な若い枝を選んで、草花は5㎝程度、樹木は10㎝程度に切り、吸水をよくするためにもう一度よく切れるナイフで切り口を斜めに切る。

② 葉の枚数を減らすか、大きい場合は半分に切る。

③ 水につけて吸水させてから挿すとよく根付く。

④ 土に割りばしなどで穴をあけ枝を挿す。

⑤ 直射日光の当たらない、明るく風のない所に置き、頻繁に少量ずつ水をあげる。水のやりすぎに注意。

⑥ 新しい芽が出てきたら挿し木は成功。根を傷つけないように注意して移植する。

枝変わり品種によって、ほぼ1年中ミカンが食べられるようになった

温州(うんしゅう)ミカンの栽培面積トップ10（2020年）の品種のうち８品種（「宮川早生」、「青島温州」、「日南1号」、「林温州」、「南柑２０号」、「向山温州」、「上野早生」、「石地」）は、すべて枝変わり由来で、早生、中生、晩生と収穫時期も異なります。

また、佐賀県の温州ミカンの栽培面積の80%ほどが枝変わり品種だということで、いかに枝変わりから優れた品種が作り出されているかがわかります。

宮川早生

農家を助ける収穫時期が早い枝変わり品種

収穫時期が早まる品種は、収穫時期が分散できるので、農家にとってはとてもありがたい存在です。

例えば、リンゴ「ふじ」の枝変わり品種、「ひろさきふじ」は、「ふじ」に比べて収穫が１か月ほど早くなり、早生系ふじと呼ばれます。カキの「刀根早生(とねわせ)」は「平核無(ひらたねなし)」の枝変わりで、半月ほど早く実がなります。

ひろさきふじ

column

色の変化で付加価値がついた枝変わり品種

果実の色が変わることで、付加価値が付くことがあります。1998年、青森県弘前市の農家が「ふじ」の枝の一本に2つの黄金色の実がなっているのを発見し、この枝から「黄金(こがね)ふじ」と呼ばれる新しい品種を作りました。

また、ブラジルの奥山孝太郎は、緑色のブドウ「イタリア(マスカット オブ イタリア)」の中から赤みがかったブドウを見つけ、「ルビーオクヤマ」と名付けました(1984年)。日本にも導入され、栽培されています。

野菜であるサツマイモも枝変わりする

果樹の枝変わりと同様に、サツマイモはツルの脇芽の突然変異により技変わりをすることがあります。

現在のさいたま市の山田いちという農家の主婦は、「八房」というサツマイモを収穫しているときに赤い芋を見付け、試食すると美味であったのでそれを殖やし、「紅赤(べにあか)」としました。甘い芋で人気がありました(1898年発見)。他とは違う葉をつけたツルから早生の「又吉いも」、茎の断面が紅色をしていたサツマイモから果肉がオレンジ色の「紅娘」を作ったという例もあります。

思わぬところで発見！　偶発実生

新品種が発見されるのは、畑ばかりではありません。時に意外な場所からも偶然に発見されます。

人が意図的に交配したわけではなく、偶然に生まれたため、両親または片親が不明な種子があります。その種子から生まれたものを偶発実生と言います。英語ではchance seedlingで、偶然は好機にもなる例です。果樹では偶発実生から生まれた品種がたくさん栽培されています。

じつは、そんな偶発実生の新品種は、ゴミ捨て場や自宅が発見の舞台となっている例が数多くあります。

1888年、13歳の松戸覚之助は、親戚の家のゴミ捨て場にあったナシの幼木をもらい、千葉県松戸市の自宅に植えました。10年後に珍しい緑がかった黄色のナシが実りました(写真1)。それがとても美味しかったので、20世紀を代表する品種でありたい、という意味を込めて、「二十

1：ナシ、二十世紀

世紀」と名付けました。現在は鳥取県が主な産地です。

リンゴの「グラニースミス」（写真2）も、1860年代にオーストラリアのシドニーで主婦だったマリア・スミスによって、ゴミ捨て場で見つけられた幼木が起源です。グラニースミスは最初の国際的な品種で、今でも一般的な青リンゴの代表です。

アボカドの品種「ハス」（写真3）は、世界でもっとも栽培されているアボカドで、日本に輸入されているのはほぼすべてこの「ハス」です。この品種は、1926年ごろに米国カリフォルニアの郵便配達員ルドルフ・ハスが、レストランのゴミ箱など、あらゆる場所から種子を集めていたライドアウトという男から買った3つの種子から始まりました。ハスはその種子を育て、当時一般的だった品種のアボカドを接木しようとしました。しかし、うまくいかず切ろうとしたところ、接ぎ木職人が「この苗木は元気がある」と言ったので、そのままにしました。やがて実った果実はナッツのような味がし、好評だったため近くの高級食料品店に卸すと、1個1ドルで売れたといいます（現在の約23ドルに相当）。ハ

2：リンゴ、グラニースミス

3：アボカド、ハス

スは1935年に特許を取得し、このアボカドのおかげで、ルドルフ・ハスは脱サラできました。

また、なんと自宅の果樹園から新品種が見つかった例もあります。長野県長野市の農家、池田正元（いけだまさよし）が1960年ごろ、自宅の桃園に落ちた種から生えてきた桃の木を見つけたのが始まりです。このとき発見されたのが「川中島白桃」で、味がよく、大玉で日持ちが良いので人気があり、現在でも桃の主要品種のひとつです（写真上）。さらに、彼はこの川中島白桃の偶発実生から果肉の黄色い「黄金桃」（写真下）も生み出しています。2品種も見つけたばかりでなく、苗木を殖やして無償配布までしています。すごいとしか言いようがありません。

川中島白桃

黄金桃

column

偶発実生の代表例は温州(うんしゅう)ミカン

温州ミカンは日本を代表する果物です。実は鹿児島県長島町が発祥の地で、300年以上前の偶発実生が起源です。最近の研究で、「コミカン」に「クネンボ」の花粉が受精してできたものということがわかりました。種子がほとんどできないため、接ぎ木で殖やしています。たった1本の偶発実生からどんどん殖やされて、日本ばかりでなく、世界各地で栽培されているとは驚きです。

種子がない温州ミカン

偶発実生由来の新品種の例

柑橘類：伊予柑、河内晩柑、八朔、はるか、日向夏
リンゴ：印度、紅玉、紅夏、
　　　　ゴールデンデリシャス、デリシャス
ナシ：長十郎、愛宕梨
モモ：大久保、清水白桃
ブドウ：キタサキレッド、甲州、デラウェア
カキ：次郎、西村早生
ウメ：南高梅
クリ：豊多摩早生

交配から新品種を生み出す

雄と雌の間で、受粉（受精）を人為的に行うことを交配と言います。それぞれ長所を持った品種を交配することで、両親を超える新しい品種を生み出すのが目的です。

例えば、「美味しいが病気になりやすい品種」と、「病気には強いがそれほど美味しくない品種」を交配し、「美味しくて病気に強い」、つまり両親の良いところを継いだ新品種を作ることを目指します。

交配は、文章で読むほど単純な作業ではありません。国や県の研究機関による育種の場合は、100種類以上の品種の組み合わせの交配を行い、そこから種子を取り、選別して20万株ぐらいを育てます。次に、育種目標に達しないものを捨て、残った株から再び種子を取り、育てて、選抜することを10～12年間繰り返します。そして、最後に残った一株が新品種となるのです。したがって、とてつもない労働力、設備、資金が必要です。交配を始めて新品種になるまでサツマイモで10年、イネ、ムギで12年、リンゴで22年ぐらいかかるといわれています。そのため、育種目標は未来の農業の要望を先読みしていなければなりません。既に気候変動に対応した品種も作られつつあります。

[交配で新品種をつくる方法]

イチゴを例にしていますが、果樹、野菜、穀物なども同様に行います。

①

雄しべを取り除く

交配は自分の花粉で受粉しないように、花が開く前につぼみを開き、その中の雄しべを取り除く。あるいはお湯（イネの場合約43℃、7分間）をつけて、花粉だけを不活化する。

②

花粉を振りかける

次に、雌しべにかけ合わせたい花粉をやさしく振りかける。交配後は他の花粉がかからないように、すぐに袋をかける（写真右）。

交配後、花に袋をかけられたチャの木

③

種子を育てる

その後は通常通り栽培し、種子ができたら、一粒ずつまいて育て、目的としている特性があるか確認する。

④

選抜する

これから先は、前述のように、何か欠点のある個体を次々と捨てていき、望ましいものだけを栽培する。次の代でも同様に一番良いものを選抜する。

⑤

新品種が完成！

「こういう品種を作りたい」としている育種目標が達成されたら、品種登録（133ページ参照）をして、農家に使ってもらえるようにする。

交配によって、常に同じものができるわけではない

では、品種Aと品種Bを交配すると、常に同じものが得られるのでしょうか？　残念ながら、そうではありません。例えば、「ゴールデンデリシャス」と「ジョナサン（紅玉）」を交配して、それぞれ「ジョナゴールド」（写真右）、「つがる」（写真左）と「あかぎ」ができています。これらは色、重さ、収穫時期が異なる別の品種です。

また、イネ「農林22号」と「農林1号」を交配して「コシヒカリ」ができましたが、その両親から「ホウネンワセ」も同時に育成されています。また別の試験場で、同じ両親から「ハツニシキ」が生まれています。なぜでしょうか。この答えは、人に置き換えて考えるとわかりやすいでしょう。同じ親から生まれた子どもたちは、親とも子ども同士でも似ているところがありますが、異なる点もあります。それと同じです。

さらに、どういう特性を求めるかという育種目標が異なると、選抜して残す株が違ってきます。そのため、既存の品種と同じ組み合わせの交

つがる

ジョナゴールド

配を試してみても、優れた新品種が得られることは十分に考えられます。

column

リンゴの王様、王林はすごい！

皮に茶色い斑点がある

「王林」は香りがよく、甘く、美味しいため、「ふじ」、「つがる」に次いで広く栽培されています。王林は福島県桑折町の大槻只之助が、ゴールデンデリシャスと印度を掛け合わせて作ったという説が有力です。多くのリンゴは赤色をきれいに出すために、果実に日光が当たるように葉を摘み取ります。黄緑色の王林はその作業が必要ないため、農家の人にとっては栽培が比較的容易なのです。しかし、皮に茶色い点があるのが欠点と言われています。

ある県の試験場のたわわに実った王林の前で、研究員の方に「もし王林が県の育種で生まれたら、うまく普及できるでしょうか。」と聞いたら、暫く考えて、「個人的な意見ですが、外見に難点がありますが、味がよいので母本※になっていたかもしれませんね。外見をあまり気にしない個人の育種だから、実現できたような気がします。」と答えてくれました。

※母本とは、よい性質を持っているので、新品種作成の親として使われるもの

column

輝かしい新品種の数々は交配によって生まれた

交配で生まれた品種は、よく知られた品種名ばかりです。「コシヒカリ」のように、ロングセラーとなっている品種もあります。

イネ ［よく知られた主力品種］

・コシヒカリ：農林22号×農林1号（1956年）

・ひとめぼれ：コシヒカリ×初星（1992年）

コムギ ［日本の生産量の半分を占める］

・きたほなみ：北見72号×北系1660（2006年農林登録）

サツマイモ ［収穫量が格段に上がった画期的な品種］

・コガネセンガン：（インドネシア・チモール島の品種×日本在来種）×ペリカン・プロセッサー（1966年命名）

ジャガイモ ［害虫（センチュウ）に抵抗性がある］

・キタアカリ：男爵薯×Tunika（ドイツの品種）（1988年）

・きたかむい：イエローシャーク×とうや（2010年）

リンゴ ［定番品種も交配で生まれた］

・ふじ：国光×レッドデリシャス（1962年）

・つがる：ゴールデンデリシャス×紅玉（1975年）

ナシ ［ナシの生産量1位・2位］

・幸水：菊水×早生幸蔵（1959年）

・豊水：幸水×（石井早生×二十世紀）（1972年）

柑橘類 ［晩柑（春先が旬の柑橘）の代表作］

・不知火（シラヌヒ）（登録商標、デコポン）：清美×ポンカン（1972年育成）

イチゴ ［苺の生産量1位・2位］

・とちおとめ：久留米49号×栃の峰（1996年）

・あまおう：久留米53号×92-46（2005年）

交配の大発明・F１品種

農家が栽培する野菜の品種の多くは、交配で作られたF１品種です。F１品種は、発芽や収穫のタイミングが揃うので扱いやすく、大きさや品質が均一、さらに丈夫というメリットがあるので広く使われています。

F１品種は、親の植物の優れた性質が現れるように交配して作られた雑種です（下図）。しかし、優れた性質をもつ親植物の組み合わせを見つけるのが大変で、毎年、特定の親植物同士の交配を維持し、他の花粉が付かないように管理するので、種子は少し高価になります。

column

F1 品種とは？

父親と母親の長所をもった子ども、雑種第一代のことです。F1 品種はその一代に限りますが、両方の優れた形質を持った優れた種子となります。この現象を「雑種強勢（ざっしゅきょうせい）」と言います。

なお、F１種子の植物から採れた種子（F2）は F1 と必ずしも同じ形質をもちません。

F１品種は「交雑品種」、「一代雑種」、「ハイブリッド品種」、「交配種」とも呼ばれています。

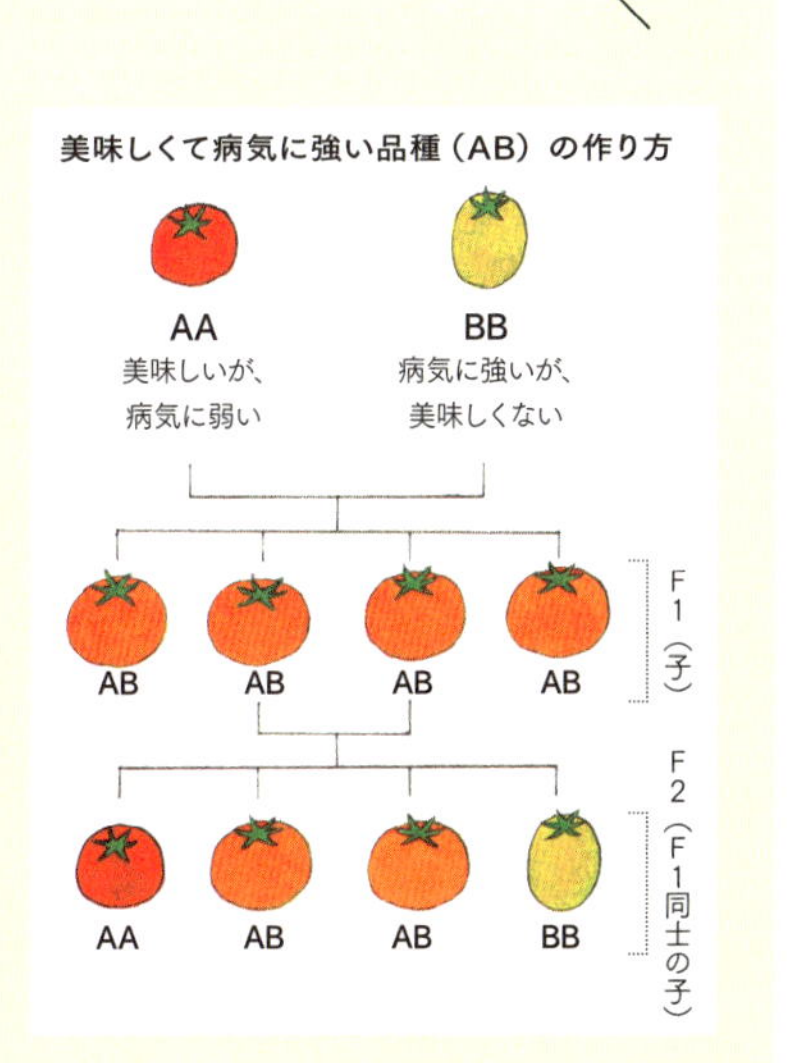

その他の方法でも新品種はできる

これまでに説明した、栽培している中から突然変異した株を見つける（枝変わりを含む）、偶発実生を見つける、交配する、以外の方法で新品種を作った例があるので紹介します。

多胚性（たはいせい）を利用した柑橘類の新品種

左のオレンジ種子の写真を見てください。一粒のオレンジの種子から、3つの芽が出ています。このように、多くの柑橘類には多胚性（たはいせい）と言って、ひとつの種子から数本、芽が出る性質があります。その場合、交配しても、複数あるどの芽が交配してできたものかはっきりしません。しかも多くの場合、よく発芽し成長するのは交配してできたものではなく、親の植物由来の芽です。どの芽が交配で生じたものなのかわからないため、交配には適しません。

しかし、この実生に突然変異を起こしたものが比較的よく見られるので、それを育てて新品種とすることがあります。温州ミカンの「興津早生」、「ひめのか」、「愛媛中生」などがそうです。

ちょっと待って、温州ミカンは種子がないのでは？　その通り、温州ミカンは花粉が少ないうえ、受粉しなくても果実が正常に実る性質（単為結果性）※があるので、果実は実るものの、種子ができないのです。そこで温州ミカンの花にカラタチなどの花粉をつけて種子を作らせ、実生を得るのです。

しかし、これは親の植物（温州ミカン）由来の実生で、カラタチの花粉は温州ミカンの種子を作るきっかけを与えるだけです。不思議なことに、温州ミカンとカラタチの雑種にはならないのです。

オレンジ種子の多胚性

マンゴー種子の多胚性

※　単為結果性とは、植物が受精せずに果実をつくる性質のこと

接ぎ木キメラでできた新品種

「キメラ」とは、ギリシャ神話に出てくる、ライオンの頭とヤギの胴体、ヘビのしっぽをもつ、口から火を噴く怪物のことです。生物学では、ひとつの個体に遺伝的に異なる細胞が混在している状態を「キメラ」と言います。

「接ぎ木キメラ」とは、ある部分は台木の、他の部分は接ぎ穂の細胞からできている、モザイク状の植物です。台木と接ぎ穂となる植物の、中間の性質を示します。ただ、交配によって生まれたものではないので、真の雑種ではありません。

例えば、甘夏ミカンと温州ミカンの接ぎ木キメラの「小林ミカン」の外見はほぼ甘夏ミカン、中身は温州ミカンに近いものです（左図）。

また、ブラッドオレンジの「モロ」と「太田ポンカン」のキメラ柑橘「ひめルビー」は赤紫色のポンカンです。残念ながら、接ぎ木キメラは安定せずに、先祖返りすることも多いです。

[接ぎ木キメラの例]

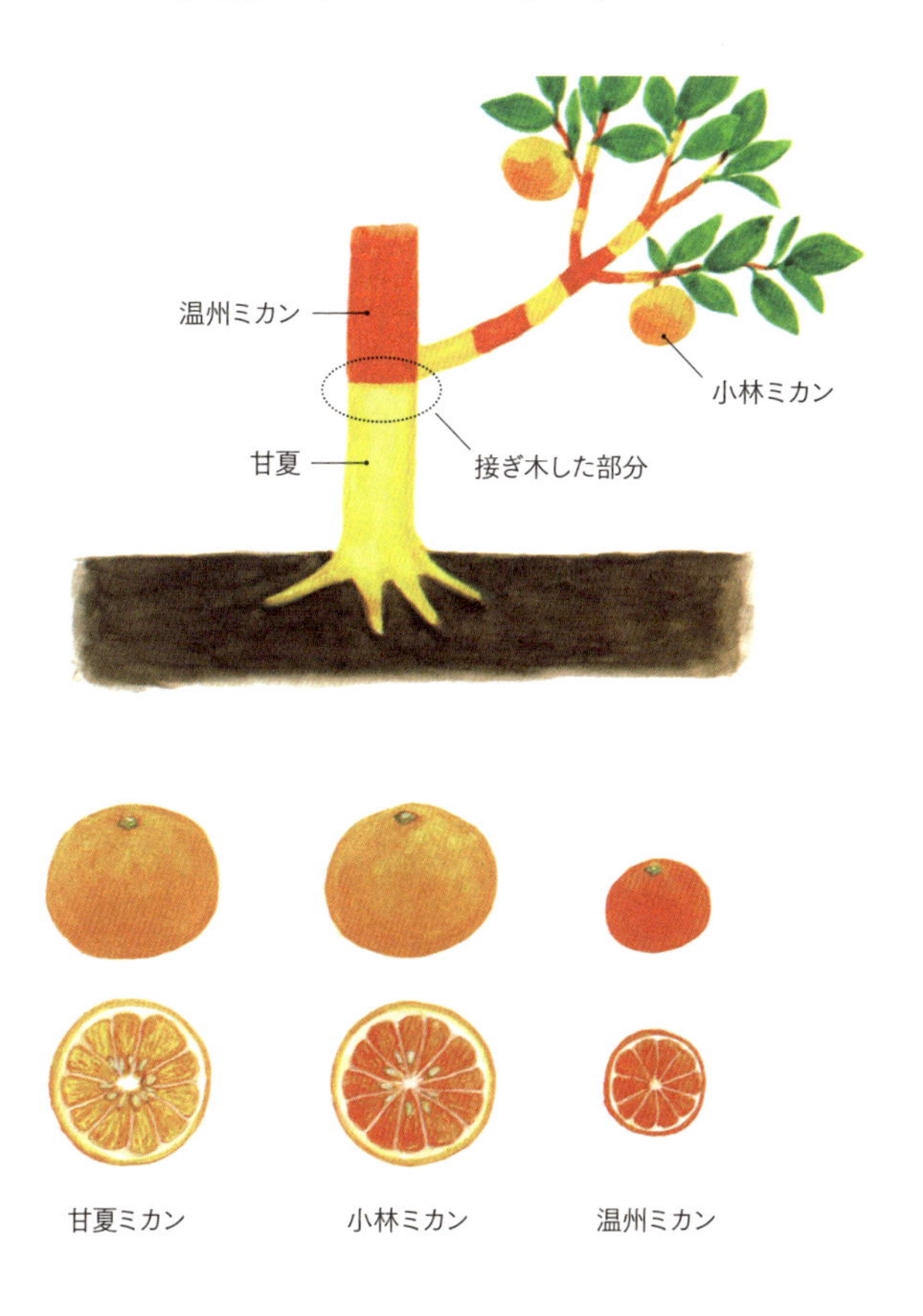

column

接ぎ木キメラはどれくらい身近で見られるの？

主に柑橘類で発生が報告されていますが、まれにしかできません。接ぎ木した後に台木と接ぎ穂の接着面を切り、新たに再生させると効率よく現れることが知られています。

接ぎ穂が台木の影響を受ける場合も

接木雑種(つぎきざっしゅ)と言って、接木された接ぎ穂が台木の影響を受け、形質が変わってできる雑種があります。例えば、ピーマンの一品種「カリフォルニアワンダー」の台木に、「八つ房唐辛子」を接ぎ木し、肉厚のピーマンのような「ピートン」ができました(柳下登(やぎしたのぼる)、2006年)。「ピートン」の糖度、辛み成分のカプサイシンの濃度は、それぞれピーマンとトウガラシの中間でした。ピートンはトウガラシのように赤くなり、しかし、果実の先端が尖らず、タネの付き方もピーマンのようで、両者の中間的な形態です。ピートンの育種には、1954年から50年ほどかかっており、接木雑種での新品種の開発がいかに難しいかがわかります。

このほかにも、放射線による突然変異誘発、遺伝子組み換えやゲノム編集などの新品種開発の方法もありますが、特殊な試薬や設備、技術が必要です。

参考：webサイト『「遺伝子組換え農作物」について - 農林水産技術会議』

[ピートンの図]

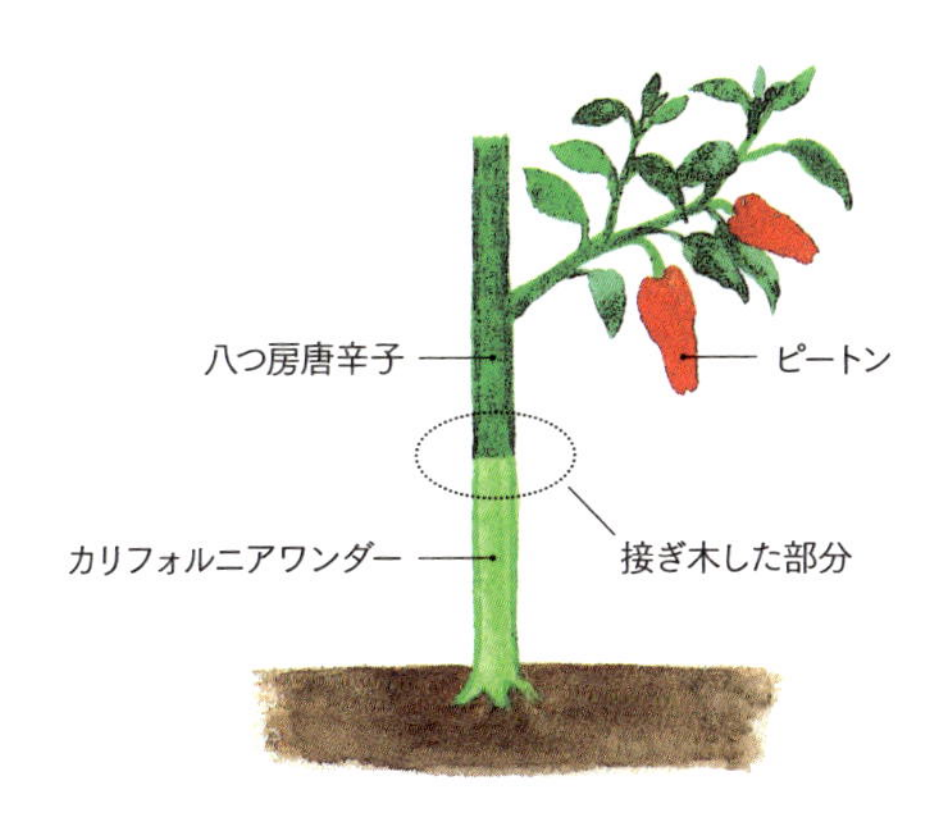

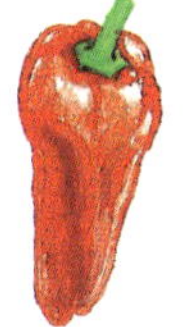

column

接木雑種の秘密は「接ぎ穂」にあり

たとえば、トマトに同じ品種のトマトを接ぎ木した場合、接ぎ穂はどの遺伝子を発現させるかを切り替えることができ、その性質が変わることが明らかになってきました。これは台木から接ぎ穂に、水分や栄養分の他、植物ホルモン、化学物質やs-RNA（小さな遺伝情報を持った物質）などが移動することが関係していると言われています（Fuentes-Merlos　2022年）。

column

台湾と日本の懸け橋となった新品種

台湾では長い間、インディカ米を栽培していましたが、日本統治時代に日本から種子を持ち込んで台湾に適したイネの育種をしました。そのときできた新品種を「蓬莱米（ほうらいまい）」と言います。なかでも「台中65号」は『江戸～明治時代の農家が見つけたイネの新品種の例』（108ページ）で述べた、「亀治」と「神力」を交配してできた、高収量で美味しい品種です。

蓬莱米の普及前の1921年（大正10年）の10a当たりの収量は150kgで、普及後の1938年（昭和13年）には230kg（1.53倍）になりました。また、台湾の米生産量は75万トンからほぼ倍増し、147万トンになりました。これは蓬莱米の多収性とその特性を生かして、二期作(年2回、米を栽培すること）ができたからです。

台湾で研究者とあぜ道を歩いていたときに、これが台中65号だと紹介されました。知っているかと聞かれ、勉強不足ですみませんと答えると、いきさつを紹介してくれました。このイネのおかげで農家の収入は増え、美味しいご飯が食べられるようになったそうで、「だから台湾人は日本が好きなんだ。」と笑って話してくれました。

column

新品種ができたらどうするの？

新品種を少なくとも数年間は栽培して、類似の品種との違いを写真やデータにしてください。もしあなたの新品種と同じような品種がこれまでに登録されていなければ、品種登録が可能です（有料）。また、名付けたい品種名が既に使われていないことも確認しなければなりません。

個人育種家による登録総件数は、なんと果樹で43%、草花類42%、観賞樹では75%にもなり（2022年）、その中には、日本で生まれ、世界で人気となっているラナンキュラスやアマリリスなどもあります。国内外で評価されるかは未知数ですが、可能性はあります。このように、新品種作りは、形に残るロマンなのです。種や苗を買ってきて育てるところから一歩踏み込んで、育種に挑戦してみてはいかがでしょう。

品種登録については以下を参照してください。
https://www.maff.go.jp/j/shokusan/hinshu/info/tebiki.html

第5章
身近な毒草との付き合い方

「毒草なんて、せいぜい推理小説に出てくるだけで、自分には関係がない」と思っている人も多いかもしれません。しかし、実際には毒性のある植物は私たちの身近にたくさんあります。

本章では、約60年間に遡（さかのぼ）って植物による食中毒の事例を参考に、身近な有毒植物に絞って生態を解説します。有毒植物は、キョウチクトウ科、キンポウゲ科、トウダイグサ科、ナス科、ヒガンバナ科に多く、本章ではおおまかに科ごとにまとめて紹介しています。植物の科の見分け方を解説した、第3章（74ページ）がここでも役に立ちます。

知識がないために、うっかり触れたり、誤食したりして苦しむのは避けたいところです。この本で間違えやすい毒草についても記してありますので、適切な情報を得て、植物たちとうまく付き合いたいものです。

植物が毒をもつ理由

植物たちが毒をもつ理由は、簡単に言えば、動物や昆虫に食べられないようにするためです。植物は動いて逃げるわけにはいきませんので、とげなどで食べられるのを防ぐほか、化学物質、毒素を使って、食べられても少量ですむようにしたり、次から食べられないようにしたりしているのです。

人にとって「毒」とは、食べたり触ったりすると、体調不良から、ときに死亡までの悪影響を与えるものをいいます。毒の成分は植物によって異なり、アルカロイド類、強心配糖体、シュウ酸カルシウム、レクチン（タンパク質）など多岐に渡ります。この中で、アルカロイド類がもっとも一般的な植物がもつ毒です。これらの毒は熱に強く、加熱しても毒性は消えないものが多いのです。

どうして植物が毒をもつようになったかは明確ではありませんが、突然変異で最初に、「多少毒性のあるもの」をつくる個体ができ、動物や昆虫に食べられにくくなり、植物の生存に有利にはたらいたと考えられます。そして、この変化が連綿と続き、今日の毒につながったのでないでしょうか。

「野菜や果物だから無毒」という誤解

野菜や果物も植物。したがって、一部のものはもともと毒をもっていた可能性があります。私たちの祖先は長い年月をかけて、毒性が低くなるように、また収穫時には無毒になるように、品種改良をしてきました。その結果、野菜や果物は安全に食べることができますが、一部例外があります。

植物にとって、毒は大事な部分を守る役目もあります。ジャガイモは新芽を守るために、新芽の部分に高濃度の毒があります。また、豆類やモロヘイヤのように、一番大事な種子を守るために、種子と果実、さやに毒性のある植物もあります。

トマトやモモなどの未熟な果実は緑色で毒素があり、これは「まだ食べられません」というサインです。しかし、熟してくると果実は色づき、毒素が消えて甘くなります。今度は「今なら食べてもいいよ!」という印です。動物に食べてもらって、種子をどこかにフンと一緒に落としてもらうのです。しかし、種子まで消化されると困るので、種子は丈夫な殻で覆われています。

このように、植物は賢く毒を利用しています。それでは、野菜や果物のもつ毒を見てみましょう。

未熟な野菜・果物のもつ毒素

未熟な実は有毒

【トマト】

トマトにはアルカロイド、トマチンが含まれており、主に花、葉、茎、未熟な果実（写真右）に多く含まれています。しかし、赤く熟した果実は問題なく食べることができます。

熟した果実や加工したものだけを食べて

【モモ／アンズ／ウメ】

葉、未熟な果実（写真左）、種子にはアミグダリンやプルナシンという青酸配糖体が含まれていて、青酸中毒を引き起こす可能性があります。しかし、熟した果実や加工したものは安全に食べられます。

熟せば、毒はなくなります。

未熟なトマト

未熟なモモ

植物の大事な部分を守る

植物は新芽、種子、果実やさやを毒素によって守っています。

ジャガイモの果実

緑色になったジャガイモ

【ジャガイモ】新芽、緑の部分は食べてはいけない

新芽や、日光に当たり緑色になった部分（写真右）に有毒なアルカロイド、ソラニンなどが多く含まれています。この毒素は熱湯では分解しにくいので、ジャガイモの芽と緑色の皮は取り除いて料理しましょう。また、茹でこぼすとさらに安心です。学校農園で収穫したものでの事故が多いです。

栽培中に、イモが土から顔を出し、日光に当たって皮が緑色になってしまわないように、株もとに土を盛ります。収穫後に乾かすときや保存中も日に当たらないようにしましょう。

また、ジャガイモに小さな緑色のトマトのような形をした果実が時々できますが（写真左）、高濃度の毒素が含まれるので、食べてはいけません。

ギンナン

食べ過ぎないで

【ギンナン】

秋の味覚ですが、ビタミンB6に似た化学物質が含まれていて、ビタミンB6のはたらきを阻害します。大量に食べ、ビタミンB6欠乏症を起こした死亡例があります。適量であれば問題ありませんが、体が小さい子どもは念のため一度に食べるのは数粒にしておいたほうがよいでしょう。

苦いものにはご用心

【ユウガオ】

ユウガオは煮物や干瓢(かんぴょう)にしますが、ヒョウタン(有毒で食用としない)と同じ種です。育種によって生み出された、有

モロヘイヤのさや

ユウガオ

毒な苦み成分のククルビタシンが少ない変種が、ユウガオなのです。

しかし、まれに苦いユウガオがあり、それはククルビタシンを多く含んでいて、嘔吐や下痢などの食中毒の原因となります。たとえ市販のものでも、もし苦いと思ったら食べるのをやめましょう。ヘチマも、もし苦い場合は、同様に食べないでください。

若葉を食すが、種子とさやは食べないで

【モロヘイヤ】

若い葉を食べますが、栄養価は非常に高く、癖のない野菜です。熟した種子とさやには強心配糖体があり、家畜での死亡例があります。なお、食用にする若い葉、茎には含まれていないので、安心して食べられます。

触れると炎症を起こす毒素

かぶれに敏感な人は、同じ科の植物にも注意が必要です。

マンゴー

ウルシにかぶれる人はご注意を

【マンゴー】

熱帯の果実、美味しいマンゴーはウルシ科に属し、接触皮膚炎（皮膚の発疹）を引き起こすマンゴール（ウルシの毒素に類似）を含んでいます。ウルシに対して敏感な人は、触れるだけでひどい発疹を引き起こす可能性があり、同じくウルシ科のカシューナッツ、ピスタチオも同様に注意が必要です。マンゴールは熱による影響を受けにくいため、調理したものでも炎症を起こします。

他に、アロエ、ウコン、ギンナンの実、キク科（レタスなど）、サトイモ科（サトイモなど）でも皮膚炎を生じる人がいます。また、同様に園芸植物では後述のキンポウゲ科、トウダイグサ科の他、西洋サクラソウが皮膚炎を起こすことがあります。

加熱によって消える毒

熱すると毒素が抜けるため、よく加熱して食べましょう。

安全なマッシュルーム

シロインゲンマメ

柔らかくなるまで煮ると毒素が抜ける

【豆類】

豆類にはタンパク質毒素、レクチンが含まれていて、特にシロインゲンマメに多いです。水に浸してから柔らかくなるまで煮てください。加熱が十分でないと嘔吐、下痢の原因となります。

生で食べられるのはマッシュルームだけ

【キノコ類】

その他のキノコは必ず加熱してください。例えばエノキはフラムトキシン、マイタケとエリンギは青酸化合物を含み、加熱しないで食べると嘔吐や下痢を引き起こします。

野菜に似ている毒草

庭や畑の隅に植えてある観賞植物や山野草の中にも、有毒なものがあります。芽生えの姿や根が野菜に似ていて、食べてしまうことがあるので注意が必要です。

ネギ類と間違えられやすい

【ヒガンバナ科】

葉をニラと、球根をタマネギ、ノビルなどと間違えて食べたという例が多数あります。すべて同じヒガンバナ科で、特に春先の芽生えが似ています。しかし、タマネギ、ニラ、ノビルは葉をもむと「ネギのにおい」がするので、収穫するとき確認してください。しかし、ハナニラ（有毒）の葉は、ニラのにおいがするので要注意。混同しないよう、ニラの近くには植えず、春にどんな花が咲くかを確認することが大事です。

これらの中毒を起こす植物は、数種のアルカロイドを全草に含んでいるので、食べた場合、嘔吐、痙攣、死に至ることもあります。

これは食べられる

【　ノビル　】

【　タマネギ　】

【　ニラ　】

column

アルカロイドとは？

生物が作る窒素を含んだ天然の有機化合物の総称で、ほとんどはアルカリ性を示し、他の生物には顕著な影響を及ぼします。よく知られているものとして、カフェイン、コカイン、ニコチンなどがあります。微量でいろいろな生物活性（生物に対して活性や影響を与える性質）を示すので、医薬として使われることもあります。アルカロイドの毒性は高いです。

[見分け方] 花は夏だが形が異なり、葉はにおいがしない

3. タマスダレ

[見分け方] 花は春に咲き、葉はニラのにおいがしない

1. スイセン

[見分け方] 葉のにおいはニラに似る。花は春に咲き大きい

4. ハナニラ

[見分け方] 花は春に咲き、葉は無臭

2. スノーフレーク

[見分け方] 秋に開花し形が異なり、葉はにおいがしない

5. ヒガンバナ

1. スイセン（*Narcissus* spp.）：春に咲くラッパズイセン、ニホンスイセンなどはよく花壇に植えられ、切り花としても売られています。

2. スノーフレーク（*Leucojum aestivum*）：スズランスイセンとも呼ばれ、早春に花が咲き、庭や公園でよく見かけます。

3. タマスダレ（*Zephyranthes candida*）：花壇に多く見かけ、夏に花が咲きます。

4. ハナニラ（*Ipheion uniflorum*）：早春に咲くので英名は「春の星」springstarで、花は青味がかかることもあり、ニラとまったく異なります。球根で簡単に殖え、野生化しています。

5. ヒガンバナ（*Lycoris radiata*）：秋のお彼岸に鮮やかな花を咲かせ、花が終わると葉が出ます。冬の間太陽光を独占し球根に養分を蓄え、初夏には葉が枯れます。飢饉のときには、球根を水でさらして毒抜きし、でんぷんを取って食べたとされます。

ゴボウやオクラに似ている

【チョウセンアサガオ類】

根をゴボウと間違えた事故が多数あり、また果実や蕾をオクラと、種子をゴマと間違えた例もあります。また、チョウセンアサガオにナスを接ぎ木して育てたナスの中毒例も報告されています。

あらゆる部分に数種のアルカロイドが含まれています。また、この植物に触った手で目をこすると、瞳孔が拡大します。チョウセンアサガオ類はナス科です。

［見分け方］花と葉がゴボウやオクラとまったく異なる

キダチチョウセンアサガオ（*Brugmansia* spp.）：先端が5つに分かれ、反り返った大きな花が下向きに咲く木本で、庭に植えられています。エンジェルストランペットもそのひとつです。花の色はオレンジや黄、ピンクもあります。

キダチチョウセンアサガオの蕾。形はオクラと似るが、中空です。

column

チョウセンアサガオの毒は薬になる

江戸時代の医者、華岡青洲(はなおかせいしゅう)は毒草であるチョウセンアサガオを主成分とした麻酔薬、「麻佛散(まふつさん)」を1804年に作り、世界初の全身麻酔手術をしました。1796年には「麻佛散」はほぼ完成していたようですが、ヒトのほうが動物より低濃度で効くので、慎重に人体実験を行ったと言われています。そこで日本麻酔学会では、このチョウセンアサガオの花を学会のロゴマークにしています。

眼科で眼底検査の時に瞳孔を広げるために用いられるのも、チョウセンアサガオのアルカロイドと同じものを精製した薬です。

チョウセンアサガオを食べると、泣き叫び踊りだし混乱状態になったと言います。しかし、幻覚剤として使用すると現れる幻覚は恐怖で、しかも命にもかかわることもあるので使用はやめましょう。

チョウセンアサガオ（*Datura metel*）：アサガオに似た花は上に向かって咲きます。一年生の草本で、帰化植物として空き地に見かけます。

サトイモと葉がそっくり

【クワズイモ】

クワズイモ（アロカシアという名前で売られています）はサトイモに似ているので、根（根茎）や「ずいき」と呼ばれる茎を食べた事例があります。シュウ酸カルシウムが含まれているので、消化器系の中毒が起きます。また、切り口から出る汁で皮膚炎も起きます。

【 サトイモ 】

これは食べられる

[見分け方] 根茎は太い棒状、サトイモのように球状にならない

クワズイモ（サトイモ科 *Alocasia odora* ）: 熱帯・亜熱帯の植物で南日本に自生しています。また、さまざまな大きさの近縁種が鉢植えの観葉植物として売られています。

セリと間違えないで【ドクゼリ】

セリ摘みでドクゼリを間違えて採り、中毒を起こす例が多く見られます。また、野生のワサビと間違えられたこともあります。

全草に猛毒のポリイン化合物を含有しているので、食べた場合には嘔吐、痙攣、意識不明などになり、死に至った例もあります。

【セリ】

＼これは食べられる／

[見分け方] 地下茎は緑色で、短い節があり、節の間が中空。また葉をもんだときの香りがセリとは異なる

ドクゼリ（セリ科 *Cicuta virosa*）：セリと同じように水辺や沼地などに自生します。ドクゼリは草丈1mになりますが、セリ摘みのころはセリと同じような大きさです。また、似た場所に生えるワサビの葉はハート形で、セリの羽状複葉との区別は容易です。

芽生えがギョウジャニンニクと似る

【イヌサフラン】

芽生えがギョウジャニンニクやギボウシと似ているので、間違えて収穫してしまうことがあるようです。また球根をタマネギと間違えて食べた中毒例もあります。

毒素のコルヒチンは口腔・咽頭灼熱感、嘔吐、背部疼痛などの症状が現れ、呼吸不全により死亡することもあります。

【　ギョウジャニンニク　】

／これは食べられる＼

［見分け方］ギョウジャニンニクはニンニクのにおいがするが、イヌサフランはしない

イヌサフラン（イヌサフラン科 *Colchicum autumnale*）：コルチカムとも呼ばれ、秋に球根から直接、花が咲きます。その後、葉が出てきます。球根をテーブルの上に置くだけで、土がなくとも花が咲く、変わりものです。

根がヤマノイモに見える【グロリオサ】

根がヤマノイモに似ていますが、短く、表面が滑らかで、ヒゲ根がありません。コルヒチンを含んでいて、誤食による死亡例があります。

【 ヤマノイモ 】

／これは食べられる＼

［見分け方］葉先にツルがあり、独特の形をした花

グロリオサ（イヌサフラン科 *Gloriosa* spp.）：ユリに似ていますが、ユリ科ではありません。切り花や球根が売られています。

＼column

コルヒチンとは？

植物の細胞分裂時に染色体を倍加させる作用があり、これを利用して種なしスイカが作られます。なお、種なしスイカにはコルヒチンは残留せず、安全です。

山菜採りで間違えて採りやすい植物たち

主に春の山菜採りで、間違えて採られ、重大な中毒を起こす植物もあります。「コバイケイソウ」や「バイケイソウ」をオオバギボウシ（ウルイ）と見間違えたり、「トリカブト」をニリンソウやモミジガサと誤認したり、「ハシリドコロ」をフキノトウと間違える例が多いです。死亡事故も起きていますので、山菜に詳しい人と同行し、注意して採取しましょう。

＼これは食べられる／

【　ウルイ　】

［見分け方］コバイケイソウの葉脈の部分は、くぼんで見えるが、ウルイは葉脈が裏に浮き出る。慣れないとわかりづらい

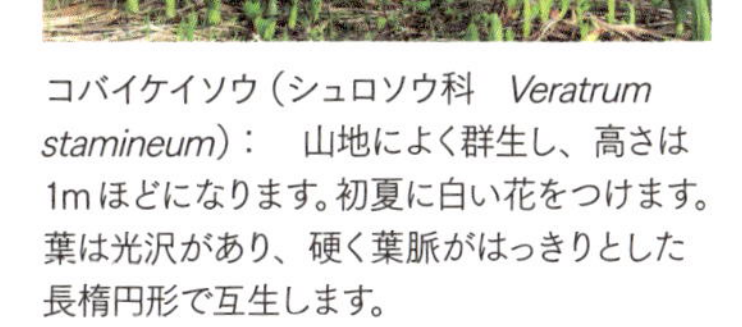

コバイケイソウ（シュロソウ科　*Veratrum stamineum*）：　山地によく群生し、高さは1mほどになります。初夏に白い花をつけます。葉は光沢があり、硬く葉脈がはっきりとした長楕円形で互生します。

＼これは食べられる／

【　フキノトウ　】

【　ニリンソウ　】

[見分け方] フキノトウは上から見ると球形、ハシリドコロは中を開くとフキノトウのような花芽がなく、葉に綿毛もない

ハシリドコロ（ナス科　*Scopolia japonica*）：草丈60㎝ぐらいになる多年草で、茎葉はやわらかく、春に暗紫紅色の花が咲きます。誤食すると取り乱したように走り回るので名付けられました。

[見分け方] 若芽のときは見た目がよく似ている。ニリンソウは春に白い花が咲き、トリカブトは秋に紫色の花が咲く

トリカブト（キンポウゲ科　*Aconitum* spp.）：沢沿いの湿った所を好み、しばしばニリンソウと混生します。花がきれいなので栽培され、切り花としても売られています。

名前に騙されないで

名前が似ているから、「きっと同じ仲間で食べられるだろう」と判断するのは早計です。似ているのは名前だけのまったく別の植物で、毒性があり食中毒を起こすことがあります。

名前と香りはジャスミンだけれど……

【カロナイナジャスミン／ニオイバンマツリ／マダガスカルジャスミン】

花からはよい香りがして、名前もジャスミンや茉莉（まつり、ジャスミンのこと）なので、これでジャスミンティーを淹れてみたくなります。しかし、いずれもジャスミンとは科も違い、まったく別の植物です。

アルカロイドを含有しているので、室内でも幼児やペットが手の届かない所に置きましょう。

カロライナジャスミン(ゲルセミウム科 *Gelsemium sempervirens*):白い花が咲くジャスミンと違い、黄色い花が春から初夏まで次々と咲くのが見分け方のポイントです。常緑つる性の木本で、寒さに強いので、庭、公園などのフェンスにからませてあるのをよく見かけます。ゲルセミンなどのアルカロイドを含有しているため、口に含んだ場合には呼吸麻痺などの症状がでます。

ニオイバンマツリ(ナス科 *Brunfelsia latifolia*):常に白い花をつけるジャスミンと違い、花が濃い紫色から白色に変わります。そのことから、英語では「yesterday-today-tomorrow」と呼ばれます。常緑で光沢のある葉を持つ低木で、庭木や鉢植えにします。全草にアルカロイドが含まれ、神経毒性があります。犬の死亡例もあります。

マダガスカルジャスミン(キョウチクトウ科 *Stephanotis floribunda*):開花期の長い、ラッパ状の純白の花と光沢のある葉を楽しむために、鉢植えにされる、熱帯性のつる植物です。毒素はキョウチクトウ科(166ページ参照)と同様です。

サフランとはまったく違う！

【サフランモドキ】

サフランとは科も異なるまったく別の植物で、モドキです。雨の後にピンクの花がよく咲くことから“rain lily”と呼ばれる中南米が原産の植物です。丈夫で球根でよく殖え、日本でも一部、野生化しています。アルカロイドを全草に含んでいるので、食べた場合、嘔吐、痙攣、死に至ることもあります。

Pea（エンドウ）と名が付くのに別物

【スイートピー】

エンドウによく似ていますが、別属です。マメ科としては大きいパステルカラーの花が春に次々と咲き、甘い香りがします。花壇や、切り花でよく見かけます。口にすると、主に種子に含まれるアミノ酸の一種の神経毒により、半身麻痺などが起きることがあります。

サフランモドキ（ヒガンバナ科 *Zephyranthes carinata*）

スイートピー（マメ科 *Lathyrus odoratus*）

ヤマゴボウでない

【ヨウシュヤマゴボウ】

漬物に使うヤマゴボウ（キク科）とはまったく別の植物です。「洋種」に騙されないでください。ヨウシュヤマゴボウは、高さ2mぐらいになる、木のように見える大型の多年草です。赤い太い茎があり、大きな葉を広げ、秋には小さな黒い果実をつけます。空き地によく見られる帰化植物です。実もきれいなので、庭に植える人もおり、実がたくさんつくような観賞用の品種もあります。

果実がブルーベリーに似て美味しそうなので、子どもが食べることがあります。アメリカで幼児が数粒食べただけで死亡した例があり、注意が必要です。実をつぶすときれいな赤紫色で、筆者は子どもがままごと遊びに使う様子を見ましたが、飲めば危険なのは言うまでもなく、毒素が皮膚から吸収されるので、触れないようにしましょう。全草にアルカロイドとサポニンを含み、有毒なのです。

小鳥はよく、この赤紫色の実を食べ、種子の拡散に一役買っています。これを見て、「なるほど、実には毒がないのか。ヨウシュヤマゴボウの賢い生存戦略だ」と考える読者諸氏も居るかもしれませんが、そうではないのです。この実は小鳥には害がないものの、ヒトや家畜には有毒である例のひとつです。

ヨウシュヤマゴボウ（ヤマゴボウ科 *Phytolacca americana*）

あなたのすぐそばにある毒草

毒性のある植物があなたのすぐ身近――例えば、公園や空き地、生花店の店先、それどころか庭や家の中に、もあると知ったら、驚きませんか。どんな植物が毒草なのか見てみましょう。

【アジサイ】

庭や公園でよく見かけ、日本の梅雨を彩るあの可憐なアジサイに、毒があるとは信じられないかも知れません。

料理の飾りに使われた葉を食べて、重度の嘔吐、めまいなどの症状を起こした例があります。大葉（シソ）の代わりに使ったり食べたりしないでください。なお、アジサイの有毒物質は特定されていません。

アジサイ
（アジサイ科 *Hydrangea macrophylla* ）

【シキミ】

枝を仏事や神事に用いる常緑の高木で、葉や樹皮には芳香があり、抹香の原料にします。秋に香辛料の八角（スターアニス）に似た果実をつけますが、神経毒のアニサチンを含んでいて、誤食による死亡事故も報告されています。

【シクラメン】

花期が長く美しいので、窓辺に飾られます。『シクラメンの香り』という歌がもとで、香りのある品種が作られたという面白い事実があります。全草、特に球根に多くシクラミンという毒素を含んでいます。食べると胃腸炎になり、多量だと不整脈やけいれんを起こし、命にかかわります。身近なので、幼児やペットが口にする可能性があり、注意が必要です。

シキミ
（マツブサ科 *Illicium anisatum* ）

シクラメン
（サクラソウ科 *Cyclamen persicum* ）

【マムシグサ】

ウラシマソウやナンテンショウなどサトイモ科の植物は、半日陰の林などに見られる多年草で、夏から秋にかけて果実が赤くなります。これを食べるとシュウ酸カルシウムによる炎症が唇、口内に起きます。

【ドクウツギ】

近畿地方より北の、日当たりのよい所に生える落葉性の低木です。6月から8月にブドウのように房状に果実がつき、熟すると黒紫色になります。

特に果実に神経毒を含み、子どもが誤食して死亡事故も起きています。

マムシグサ
（サトイモ科 *Arisaema* spp.）

ドクウツギ
（ドクウツギ科 *Coriaria japonica*）

蜜に毒があるツツジ科

植物の科によっては、毒性のある種が多い科があり、含まれる毒素も似ています。

春を彩るツツジ科の観賞用植物は、グラヤノトキシンなどを含むものがあり、食べると嘔吐、下痢、めまいなどが現れます。花粉や蜜にも毒素が含まれるので、蜜を吸うことはやめましょう。ツツジ（写真右下）は毒性が少ないのですが、ツツジとはツツジ属の総称のことも言い、毒性のある種との区別が難しいため、こちらも蜜は吸わないほうが安全です。

【アセビ】

庭や公園などでよく見かける常緑の低木で、早春に壺状の

アセビ
(*Pieris japonica subsp. japonica*)

ツツジ
(*Rhododendron* spp.)

花が咲き、独特の香りがします。馬酔木（あせび）と書くように毒性のあることは知られていますが、お刺身の盛り合わせの飾りに使われていたことがありました。お皿に載っているから食べられるはずと思わないようにしてください。

【シャクナゲ】

春咲く花が鮮やかなので、アセビと同様に庭木や公園でよく見かけます。山地に野生種が分布しています。

【レンゲツツジ】

高原に自生しますが、春に咲く花がとても美しいので、庭や公園などに植えられています。枝の先に付ける花はツツジより大きく、数も多いです。

シャクナゲ
（*Rhododendron* spp.）

レンゲツツジ
（*Rhododendron molle subsp. japonicum*）

キンポウゲ科の毒草は世界初の生物化学兵器

猛毒で知られるトリカブトはキンポウゲ科で、この科にはアルカロイド類や強心配糖体を含む毒草が多くあります。そのひとつのクリスマスローズは、世界ではじめての生物化学兵器として使用されました。

古代ギリシアの第一次神聖戦争（紀元前595年-紀元前585年）は、デルフォイおよび、その隣保同盟と、神の宿る地区を冒瀆した都市・キラとの間で行われました。キラを攻撃する際に、飲料水の水源にクリスマスローズの根が大量に混入されました。その結果、キラの人たちは下痢で衰弱し、抵抗することができずに占領されてしまったそうです。このの顛末は3人の歴史家によって多少、記述に違いがありますが、クリスマスローズの根が使われたことには間違いなさそうです。

毒性の強い強心配糖体などが含まれ、誤食による中毒の他、汁が皮膚に触れると炎症を起こします。次のページで登場するフクジュソウもキンポウゲ科です。

column

キンポウゲ科の特徴は？

この科のほとんどが草本で、葉は互生、花は両性で、地下茎に養分を貯めるという特徴があります。観賞用植物ではアネモネ、オダマキ、クレマチス、シュウメイギク、ラナンキュラスなどきれいな花ばかりです。まさに「きれいな花には毒がある」です。

クリスマスローズ（*Helleborus* spp.）
黄緑、黄色、赤紫のがくが花びらのように見えるため、冬から春まで長い間、花が咲いているように見えます。多年草で手入れもあまり必要なく、鉢植えや庭に植えられています。

フクジュソウ（*Adonis ramosa*）
早春、雪解けのころ黄色い花をつける福寿草は、その名前もあって、春の風物詩です。細いニンジンのような葉を広げ、競争相手のいないうちに日光を独り占めし、養分をゴボウのような根に溜めます。葉は夏が来る前に枯れ、翌年の早春までは地下で静かに過ごします。
つぼみは“ふきのとう”と、葉はヨモギと間違えられた例があります。

キョウチクトウ科は微量でも危険

この科にはキョウチクトウ、（ツル）ニチニチソウ、プルメリアなど、花が美しく、育てやすい種があり、園芸用に栽培されます。しかし、強毒性の強心配糖体やアルカロイド類をもっているものが多いです。

【キョウチクトウ】

高さ3～5mになる木で、花はピンク、黄色、白で美しく、葉は竹のような形です。花期が長く、乾燥や大気汚染に強いので、公園や街路樹によく植えられています。

間違えて食べた場合はもちろん、枝を箸や串として使っただけで中毒を起こします。毒素は熱に安定で、枝葉を燃やしたときの煙までもが有毒です。

キョウチクトウ
（*Nerium oleander*）

【ニチニチソウ】

花の寿命は数日ですが、夏じゅう次々と咲くので、花壇によく植えられています。花は直径3～4㎝です。白やピンク、赤色の花びらは5枚、八重咲もあります。

全草にアルカロイドが含まれ、スペイン語で「怖い恋人」(espanta novia) と呼ばれています。

【ツルニチニチソウ】

春から初夏に青紫色の花を咲かせます。つる性で生育旺盛です。多少の日陰にも耐え、植えっぱなしで毎年花が見られますが、殖えすぎるきらいがあります。しかし斑入り（62ページ参照）なら葉もきれいで、ゆっくり殖えます。

ニチニチソウ
(*Catharanthus roseus*)

ツルニチニチソウ
(*Vinca major*)

多様な毒をもつトウダイグサ科

油を採る目的や、観賞用植物として栽培されるトウダイグサ科。その全体、特に種子には、毒性のある脂肪油、タンパク質などをもつものが多く、切り口から出てくる乳液もかぶれを起こします。

【アブラギリ】

西日本から沖縄に見られる落葉性の高木で、桐油を取るために栽培されていました。特に種子の油に毒性があり、校庭のアブラギリの種子を食べて集団食中毒を起こした事例があります。

【トウゴマ】

アブラギリ
（*Vernicia cordata*）

ヒマシ油を採るために、熱帯および温帯で広く栽培されています。日本では葉や果実の赤いベニヒマが生け花用に栽培されています。種子にはアルカロイド（リシニン）と猛毒のタンパク質（リシン）が含まれています。

トウゴマ
（*Ricinus communis*）

動物と毒草

何かを食べているときに犬や猫に見つめられると、つい分けてあげたくなってしまいますよね。チョコレートを食べさせては駄目なことはよく知られていますが、他に何があるでしょうか。

これまでお話ししてきた人間に有害な植物は、もちろん動物にも有毒です。しかし、人間が食べて安全なものでも、動物には有毒なものがあります。例えば、タマネギや長ネギなどのネギ属の野菜は、調理しても、スープでも、犬や猫は溶血性貧血を引き起こします。他に、アボカド、アロエ、イチジク、ブドウ（レーズンを含む）、アーモンドなどのナッツ類も犬や猫には有害です。

反対に、他の生き物が食べている植物なら、人間が食べても大丈夫なのでしょうか。鳥はランタナの果実を食べますが、人間には有害です。また、日本には自生していませんが、ベラドンナ（ナス科の毒草）はウシやウサギには無害なものの、人間には少量でも有害となります。鳥や他の動物、昆虫が食べているからと「ヒトも問題なく食べられる」と判断するのは誤りで、危険を伴います。

植物の毒素はこのように、食べる生物の感受性や体の大きさなどによって作用が変わる、多面的なものなのです。

人間と、そのペットの誤食の例を思い浮かべればわかりやすいでしょう。室内の観葉植物、アイビー、アロエ、クロトン、ゴムの木、ドラセナ（幸福の木）、ポインセチア、ポトスなどは、ペットが食べると中毒になることがあります。ペット、特に小鳥は体が小さいので、人間と比べて少量でも中毒を起こしてしまいます。またペットは、思わぬものを食べることがあり、注意が必要です。スズランやユリを活けた水、アボカドの種子を水栽培している時の水をペットが飲んで中毒になった例もあります。また、庭に植えようとしていた球根を少しかじっただけで中毒になることがあります。ぜひ、共

ランタナ（*Lantana camara*）

に暮らす動物を注意深く見守ってください。
植物についての知識があれば、毒草による事故を防ぐことができるでしょう。また、毒は場合によっては薬にもなりますが、成分の量が植物の部位、生育ステージで大きく変わるので、インターネットなどで調べて安易に使うのは危険です。薬として使う濃度と、中毒を起こす濃度がそれほど異ならかったら、中毒で重症になることもあります。
薬草と毒草は、まさに紙一重なのです。

column

身近に忍び寄る隠れた毒草

毒草を食べたわけではなく、牛乳を飲み、肉を食べただけで中毒を起こし、最悪、死亡するとしたらこわいですよね。野草のマルバフジバカマを家畜が食べると牛乳や肉にトリメトルという有毒なタンパク質が残ります。これがヒトの慢性中毒の原因となり、米国では「牛乳病」と呼ばれていました。アメリカ大統領エイブラハム・リンカーンの母親は、この牛乳病で亡くなったと考えられています。

この植物は北アメリカ、カナダ原産の多年草で、高さは約 1.5 m、秋に小さな白い花が咲き、全草に毒素があります。日本にも帰化しています。

マルバフジバカマ
(*Ageratina altissima*)

毒草とうまく付き合うために

これまで、どんな植物が有毒か、またその見分け方を述べました。その知識を生かせば、豊かな食生活を安全に楽しめるでしょう。有毒だが美しい植物とも、上手に付き合ってください。

column

間違えて食べてしまわないために

* 観賞用植物を野菜の近くに植えないようにしましょう。
* 植えた覚えのない植物は採らないようにしてください。
* 採る前に、毒草でないか確認しましょう。
  形や葉の付き方をよく観察し、葉をもんで匂いを確認します。
* 「他の動物が食べているから大丈夫」と過信しないようにしましょう。
* 間違いなく食用だと判断できないものは人にあげたり、売ったりしないようにしましょう。

column

食べてしまったら

* 味がいつもと違うと思ったら、すぐに食べるのをやめましょう。
* 食後、具合が悪くなったら、すぐに医師の診察を受けましょう。
* 採った植物の写真を撮っておくか、現物を残しておきましょう。

エクスナレッジの野菜の本
『野菜と果物　すごい品種図鑑』
著：竹下大学
定価：1800円＋税
A5判型　184ページ
ISBN：978-4-7678-3026-1

【参考文献】

『作物学事典』日本作物学会（編）／朝倉書店
『新編食用作物』星川清親／養賢堂
『日本の野菜 』青葉 高／八坂書房
『Verduras y Frutas para Todos -enciclopedia didáctica y visual』
Kobayashi, S., Kondo, T., Rojas, D. A., & Kobayashi, N. ／Agrosavia

【参考Webサイト】

キュー・ガーデン	https://www.kew.org/read-and-watch
農林水産省　過去の相談事例	https://www.maff.go.jp/j/heya/sodan/kako.html
ミズリー植物園	https://www.missouribotanicalgarden.org/PlantFinder/plantfindersearch.aspx
在来品種データベース	https://www.gene.affrc.go.jp/databases-traditional_varieties.php
自然毒のリスクプロファイル	https://www.mhlw.go.jp/stf/seisakunitsuite/bunya/kenkou_iryou/shokuhin/syokuchu/poison/index.html
植物和名一学名インデックス YList	http://ylist.info/ylist_simple_search.html
日本植物生理学会　みんなのひろば	https://jspp.org/hiroba/q_and_a/
JAグループ　食や農を学ぶ	https://life.ja-group.jp/education
USDA	https://www.usda.gov/about-food/food-safety/health-and-safety

【写真提供】

あしょろ観光協会
愛媛県
熊本大学
小林伸三
近藤拓正デミアン
スキハナ
長野県
愛知県扶桑町
岡山県観光連盟
アレフえこりん村とまとの森
観光ぐんま写真館
札幌伝統野菜「札幌大球」応援隊
山下一夫
山形県庄内町
小豆島観光協会
水郷佐原観光協会
青森県大鰐町
静岡県
静岡県農林技術研究所
千葉県立中央博物館
栃木県観光物産協会
福岡県農林水産物ブランド化推進協議会
© 山形市野草園
© 鹿児島市
AITC

※本書では、登場する人物の敬称を省略しています。

おわりに

本書は身近な野菜・果物を通して植物への興味を引き出し、一人でも多くの人に植物は不思議だ、面白いと思ってもらえたら、と書いたものです。元はコロンビアで出版した『みんなのための野菜と果物（訳）』という子ども向けの図鑑で、その一部を日本の読者向けに書き直しました。当初は原書の内容に近いものを考えていましたが、日本の読者を対象に、最新情報も加え、さらに興味深くなるようにと欲張ってしまいました。

自分にとっての新しい発見もありました。それは日本の農家と研究者の、レベルの高さと熱心さです。一例は他のものとは違ったものを目ざとく見つけ、それを根強く、時間をかけて新品種に作り上げていったことです。私たちはその恩恵を今も受けています。

ありがたいことに、私は周りの人に恵まれ、励まされ、手伝っていただき、出版まで至ることができました。株式会社エクスナレッジの静内二葉氏、ブックデザイナーの野本奈保子氏、本文ＤＴＰの平野智大氏、査読をしてくださった竹下大学氏、小林伸三氏、助言や写真と情報を快くご提供くださった各氏に深く御礼申し上げます。また、きれいで的確なイラストを描き、直訳調の日本語を直してくれた小林奈々氏に心より感謝いたします。

小林貞夫

植物好きな父の影響で、私も幼いころから植物に親しんできました。園芸植物も道端の雑草も、私にとっては同じくらい身近で、どこを歩いても会える知り合いのような存在です。また、図鑑の美しい植物画にも惹かれ、長じて自分でも描くようになりました。

それがまさか、父と本を作ることになるとは思いもしませんでした。本書ではイラストを描くだけでなく、難解な専門用語まじりの文章を、どなたにもわかりやすく、読み物としても楽しめるものにすべく、ともにアイデアを練りました。そうして、身近な野菜や果物の話を軸に、植物の美しさや力強さ、人と関わってきた歴史に思いを馳せ、毒草についてまで語る、まるで植物モチーフのコラージュのような本となりました。イラストとともに、お楽しみ頂ければ幸いです。

最後に、この本を手に取って下さった方、この本ができるまでにご尽力頂いたすべての方に、心からの感謝を申し上げます。

小林奈々

今日誰かに話したくなる
野菜・果物学

2025年5月2日　初版第1刷発行

著者　小林貞夫
絵　小林奈々
発行者　三輪浩之

発行所　株式会社エクスナレッジ
〒106-0032　東京都港区六本木7-2-26
https://www.xknowledge.co.jp/
問合せ先　編集　Tel 03-3403-6769　Fax 03-3403-1345
info@xknowledge.co.jp
販売　Tel 03-3403-1321　Fax 03-3403-1829